时间穿越指南：嘿，你制造了一个虫洞

So You Created a Wormhole: The Time Traveler's Guide to Time Travel

[美] 菲尔·霍肖
[美] 尼克·赫尔维奇 著

王爽 译

重庆出版集团 重庆出版社

版贸核渝字（2013）第291号

So You Created a Wormhole: The Time Traveler's Guide to Time Travel
Copyright©2012 by Phil Hornshaw and Nick Hurwitch
Published by Berkley & Original edition. All rights reserved.

图书在版编目（CIP）数据

时间穿越指南：嘿，你制造了一个虫洞 /（美）菲尔·霍肖著；王爽译.
一重庆：重庆出版社，2017.3（2018.5重印）
书名原文：So You Created a Wormhole: The Time Traveler's Guide to Time Travel
ISBN 978-7-229-11414-5

Ⅰ.①时… Ⅱ.①菲… ②王… Ⅲ.①时空—普及读物
Ⅳ.① 0412.1-49
中国版本图书馆CIP数据核字(2016)第154865号

时间穿越指南：嘿，你制造了一个虫洞

SHIJIAN CHUANYUE ZHINAN: HEI, NI ZHIZAO LE YIGE CHONGDONG

[美] 菲尔·霍肖 [美] 尼克·赫尔维奇　著　王爽　译

责任编辑：郭莹莹
责任校对：何建云
封面设计：言音文化传播有限责任公司
版式设计：艾瑞斯数字工作室 clark1943@qq.com

出版

重庆市南岸区南滨路 162 号 1 幢　邮政编码：400061　http：//www.cqph.com

重庆市国丰印务有限责任公司印刷

重庆出版集团图书发行有限公司发行

E-MAIL：fxchu@cqph.com　邮购电话：023-61520646

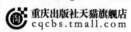
重庆出版社天猫旗舰店
cqcbs.tmall.com

全国新华书店经销

开本：700 mm×1 000 mm　1/16　印张：16.25　字数：265 千
2017 年 3 月第 1 版　2018 年 5 月第 1 版第 3 次印刷
ISBN 978-7-229-11414-5
定价：45.00 元

如有印装质量问题，请向本集团图书发行有限公司调换：023-61520678

版权所有　侵权必究

鸣 谢

布兰迪·鲍尔斯：特别特别牛的人。

埃米特·布朗博士：他的脑洞使得这一切成为现实。

詹姆斯·卡梅隆：看到了恐怖的未来机器人的人。

阿尔伯特·爱因斯坦：无人能及的天才。

iam8bit[1]（尼克·阿伦斯、乔·M.吉布森、泰勒·哈林顿、阿曼达·怀特）：他们无畏地支持各种宅事。

珍妮·弗里斯比：对我们的书坚信不疑。

鲍勃·盖尔：为我们的童年做出杰出贡献，并且让马蒂不至于消失。

布莱恩·格林：他的书和广播让我们变得（自认为）更聪明。

亚历克斯·格里德林：感谢他那本超赞的《2011 时间旅行日历》。

斯蒂芬·霍金：感谢意面化[2]，并感谢他把自己的天才用在好的方面。

阿莱德·李维斯：感谢他把我们乱七八糟的说明变为绝妙的插图。

布兰迪·瑞弗尔：感谢她无限的热情。

史蒂夫·斯皮尔伯格：感谢他所有天才的想象。

H.G.威尔斯：感谢他发明了华丽丽的时间机器。

罗伯特·泽梅克斯：他的伟大电影帮我们塑造了未来。

凯特琳·M.福伊特：她的笑声和鼓励一直支持着我们。

阿曼达·怀特：她的睿智意见和支持阻止了不少尚未成形的愚蠢行为。

我们的友人兼编辑团队：当我们自信全无，外加被印刷工人威胁的时候，他们

---

[1] 某制作公司，参与制作过多部电影和音乐作品的概念设计和特效。
[2] 指在强引力场中物体因潮汐力作用产生的拉伸形变，简单地说，就是物体落入黑洞的样子。有同名唱片。两者均与飞天意大利面怪物无关。

一直帮助我们。

贝克利/企鹅，以及他的社会空想改良家团队：他们以科学的名义救了以下时间旅行者的命：

安迪·阿维拉：一位了不起的编辑，尽全力让我们写的（大部分）东西能让人读懂。

鲍林·纽维尔斯：本书设计者，他把我们提供的许多被烧毁的碎片拼在一起，做成了你手里拿的这本书。

蒂凡尼·伊斯特莱切：把我们疯狂比画的东西变成现实。

帕慕·巴里克罗：确保一切顺利进行。

艾利卡·马蒂拉诺：负责市场营销，因此挽救了一些联系不那么紧密的时间旅行者。

罗莎娜·罗马内洛和朱迪·鲁索夫：他们作为出版者非常热忱且细心。

戴安娜·科尔斯基：虽然我们一直瞎指挥，但她依然设计了了不起的封面。

最后，

实习生里奇，感谢他做出的勇敢牺牲，那些测试，我们只是看看行不行。你会被永远铭记。

接下来，虫洞出现了。

警　告

不要阅读本书。

你现在手里拿着的是《时间穿越指南》，你看了之后十之八九会成为一名时间旅行者。

我们知道你在想什么："唔，我不是时间旅行者。我只是对这本写得不错且基本健康的读物感兴趣而已。"你错了。这本书是世界上第一本、也是唯一一本时间旅行手册，换而言之，它本身就经历了很多次时间旅行。

又因为《时间穿越指南》这本书本身很可能就是穿越时间而来的，所以作者推测，十之八九这本指南的读者就是时间旅行者。事实上，这本书根本不可能无缘无故地出现在你的必经之路上，然后教导你成为时间旅行者——很可能是未来的你，正在尝试改变你自己的命运。

这也正是时空管理事务所[1]的来历。相信我们：

你不该阅读本书。
停止阅读。
马上。

---

[1]　时空管理事务所：原文为 QUAN+UM，意为环宇时间旅行资深用户及谈判者管理事务所，一般称为时空管理事务所。

在本时空管理事务所，我们十分不鼓励种种有关时间旅行的兴趣。举个例子，作者们都特别喜欢跳过因为红绿灯而变得拥挤不堪的桥和隧道（历史可不是你的私人博物馆）。除了一个特别烦人的实习生以外，我们时空管理事务所的绝大部分人都致力于学习并保护时空连贯性，外加全力支持官方认可的时间旅行者们。可能你觉得驾乘三角龙很是滑稽——而我们对三角龙则尊敬有加。没有我们，时间旅行者们的后代很可能无法理解为什么只能出于工作和学习的目的乘坐三角龙。

此外，我们还是面对事实吧：你不该进行时间旅行。你连证书都没有。换句话说，你多半轻易就能把事情搞砸了。而时间旅行和一成不变的无聊生活不一样，一个小疏漏造成的麻烦要远大于芥末酱的污迹。有没有引爆过宇宙[1]？哼，现在可不是说这个的时候。

退一步说，就算你是个特例——属于十之一二的那种——这意味着，你不是时间旅行者。也就是说，现在阻止你还来得及。

作者们，尽管他们没能达成人生目标且薪水微薄，但至少还能阻止又一个伺机破坏历史，或赶上奇怪的流行弄死自己，或妨碍小狗进化的傻瓜。

这就对了：如果你继续往下看，得知了时间旅行的秘密，你得要对世间存在过的每一种小狗的消亡负责——过去现在未来所有的。而且我们会告诉人家，那都是你干的。

......

好吧，我们好声好气跟你说别读这本指南了怎么样？因为要是你读了，加上这本书确实又是经历时间旅行而来，从技术上说，这是盗窃。是从你自己手上偷，更是从我们手里偷。别的旅行者都是买本新书，而你只是反反复复循环利用这本破烂兮兮的旧书而已。不少时间旅行者们都是把书藏在中世纪城堡里以待后人发掘，或者是借给来自遥远未来的时间领主。而你，连一本简简单单的指南都不愿付钱买？这可不好。

我们给你最后一次机会：

把这本指南放下，别做傻事，忘掉那些宇宙大战，一掷千金还有被穴居人崇拜之类的念头。这些事听起来可能挺不错——其实不然。真心的。

......

---

[1] 宇宙大爆炸只是个假说。如此处所言，由于时间旅行的关系，宇宙不曾爆炸过。

......

......你居然还没走。

干得好，先生／女士／智能机器人／高等智慧猿类／及其他：你通过了第一关心理测试！这是对你毅力的必要评估，因为作为一个时间旅行者，你可能遇到一些特别特别混乱的状况。说句实话，正是你的鲁莽疏忽才造就了真正的时间旅行者。我们需要你这样的人来测量黑洞的内部引力，查明哪一个平行宇宙具有岩浆构成的大气，测试时间机器备用燃料的生物诱变特性。

在本书里，你将会知道自己应该怎样成功地在时间中往来。本书的前半部分是基础，是科学教材，记录了保证你安全进行时间旅行的必要信息。你会看到各种时间机器简介，广为人类所知的时间旅行方法，以及时间旅行的历史中大量的愚蠢案例，正是有了他们的失败你才能死得不那么快。

本书的后半部分是地球各个历史阶段生存手册。你可以查到哪些需要混迹其中，哪些需要与之交流，还有哪些要打或是逃跑。更有在不同历史时期修复时间机器的方法。认真看书，或者也可以在旅行途中作为参考。注意，你首先需要掌握的技巧是：一边在恐怖中手舞足蹈地狂奔一边阅读此书。

欢迎你，勇敢的时间旅行者，欢迎来到《时间穿越指南》。只不过，请……确定您已经付钱了。

目录

01

欢迎来到美味精致的多层煎饼——时间旅行

恭喜！你做到了，读者。你正在阅读这份指南，并由此进入一个难以置信的全新的暂时错位世界——危机、惊喜、随时代变化的体毛都潜藏在周围的每个角落里。

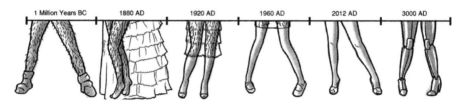

女性腿毛变化时间线

像你的前辈们一样，促使大家迈开这勇敢的一步进入未知的理由是多样且愚蠢的，而你面前的道路则既非必要也不值得推荐。不过，欢迎加入时间旅行！

但前方的四维道路究竟是什么？它是如何运作的？你需要带毛巾还是带上换洗的袜子[1]？你的时间机器中是否应该包括一个厕所？

---

[1] 《银河系搭便车指南》中福特长官建议每个在银河系搭便车的人都要带上毛巾。译者注。

如此这般的问题横亘在你面前。没有恰当的知识，你就会再一次地湮灭在你之前的很多、很多、很多、很多 [1] 旅行者们所犯过的错误中，他们遭遇了难以言表又出人意料，且通常从技术上来说根本不可能的恐怖惨剧。

但你有他们所没有的优势。你有这本指南。

因此，你需要从根本上了解时间旅行究竟是什么。其实时间旅行就是：在时间中，旅行的技能。

不只是在时间中，而且贯穿时间始终并凌驾时间之上。时间在时间旅行中是极其重要的因素，这也体现在名字里。如果说关于时间旅行有哪件事你非知道不可，那就是：时间是关键。

时间向来是站在你这边的。也就是说，如果在时间中旅行，你其实是和时间并肩而行。我们其他人像是掉进了时间的大河，向着某个方向顺水漂流，而你则不要脸地站在岸上，往上游走——也可以往下游走，或是心血来潮跳进水里再跳出来 [2]。

反正，这就是时间旅行了。在时间中旅行。你可以回到过去，回到前天，也可以去往未来，比如到后天。但你为什么要去前天或者后天呢？我们可以毫不客气地告诉你，这种难以想象的行动简直是有史以来最逊的时间旅行了。

时间怎么了？

什么是时间？这是个很复杂的问题。有很多种方式来回答它：第四个维度；二十四点半；一种确保火车准点并保证吸血鬼可以自由行动的人类概念。如果你想要哲学上的解释，时间是为了保证万事不会同时发生的存在。

不管我们怎样描述，作为一个时间旅行者，你至少必须得了解过去、现在、未来的概念。

爱因斯坦在狭义相对论中解释过：我们都有自己的一套时间。哪怕你身处

---

[1]　总之就是很多。
[2]　通常都像命中注定一样。事实证明，你自己无法决定。（见第 4 章，"悖论与因果律"）

古代或未来，你也始终处于现在。换而言之，你不可能回到你自己的过去，就算你真的到了自己的过去，你也不在过去[1]。

你对时间的体验不会和你平时对时间的体验偏离太多。所以把"无聊的时候快进"和"赖床的时候延时"从你的时间旅行心愿单上划掉吧。这是时间旅行，不是高阶魔法。

还有一点：时间旅行不可以推倒重来。你回到过去也不会变得年轻。你前往未来也不会变得聪明。想要兑现你向八年级数学老师库克女士保证的"努力学习"？没问题！但不是重新当八年级学生。你要么作为现在的你好好学习，要么站一边儿去围观十三岁的你正由于莫名其妙地犯蠢而放学被留堂，坐在课桌边接受教育。

但是好在你的智商和你的服饰一样漂亮整齐，所以你搞不好会问："嘿！要是我回到过去并且改变了往事呢？未来会有所改观……对吧？"这是针对你想抚摸库克女士卷发的委婉说法，可怜的、新手们常见的窘态：根据你的选择，事情确实会有不同的发展，但你不可能在这个新的分支里生活。也许你会再回到未来看看结果，或是留在那个时段看事情后续发展——但你不可能真的留在那儿——除非你杀了过去的自己并取自己而代之，但我们的这个建议根本不会发生[2]。

我们再捋一次：

对时间的感知是恒定不变的，不管你在时间里怎么折腾。

想重新体验一次人生中精彩或平凡的瞬间是不可能的，除非你杀了你自己[3]。

现在我们对于时间的运作有了个基本的理解，那就让我们继续深入，去抓住人类发展史上这个精彩绝伦的基准点吧[4]。

---

[1] 脚注是个绝好的例证。究竟是上一段的注释还是下一段的注释呢？无所谓。反正注释就在这里。
[2] 修正派历史对于第 2 章所讲述的时间旅行方法有些含糊。这部分在第 4、5 章的弄死自己部分里也有描述。归纳为：不好。
[3] 时间旅行规则第一条：不建议和过去的自己发生互动，因为这会引起心理崩溃，同时会在派对上造成尴尬，或《天生一对》似的折腾，甚至宇宙消亡。
[4] 特指这本指南。同时也是指时间旅行。

时间（旅行）简（才怪）史

尽管各种理论都在阐述时间旅行是如何进行的，它多么的伟大，多么具有潜力，但事实却是科学在这方面的理论远远落后于实践。绝大部分时间旅行都未被证实。从技术上来说，你根本无法证实。但是时间旅行的英雄众多，比如H.G.威尔斯、约翰·康纳、兰登家族[1]、演员保罗·沃克、时间警察尚格·云顿、青春期突变的忍者龟以及超人的创造者等等等等。更别提那些成千上万的无名氏，他们英勇投身于时间的巨嘴中，而后被失败的利齿撕得粉碎[2]。

事实是——我们可以进行时间旅行，我们已经进行了时间旅行，我们将会继续进行时间旅行，哪怕科学在这件事上消极得要死。本书剩余章节会反复提到时间旅行之奥林匹亚高峰[3]上的两个人物以及他们的伟大发现：阿尔伯特·爱因斯坦和埃米特·"博士"·布朗。

阿尔伯特·爱因斯坦和相对的成功

很久以前，乘坐没有安全气囊的铁箱子到处发射量子炸弹还只是想象。在H.G.威尔斯的小说《时间机器》中，他的"机器"就是个加强版的健身单车，既没有核动力，也没有保护外壳，于是——所有那些早期试用者都会告诉你——你的皮肤会被严重灼伤，完全熔化，包括骨头。事实上早期使用者们没法告诉你这种事，因为他们都死了。威尔斯先生从回望镜里看到此情此景一定非常尴尬，然而我们依旧认定是他开创了时间旅行，这个混蛋。另一方面，马克·吐温用脑震荡的方式将《康州美国佬在亚瑟王宫廷》的主角送回古代，这倒是更接近科学，既简单而且也不那么痛苦。

不久以后，一个德国裔的瑞士人在二十世纪的转折时刻成为了懒汉中的传奇人物。在数学的学术领域失败之后，阿尔伯特·爱因斯坦去当了专利审查员，

---

[1] 一个因其在时间旅行领域的惊人失败而著称的家族，在 www.thetimetravelguide.com. 上被广为讨论。
[2] 这是比喻，也是事实。
[3] 位于莱茵兰某处。也可能位于加利福尼亚。待商榷。

这样他就能腾出脑子思考多年前从儿童读物上看到的一个谜题。没错，一本儿童读物，图文比特别高那种。后世的人类学家和大学毕业生们会绞尽脑汁思考：在毫无技术资源的情况下，爱因斯坦究竟是如何跟父母解释自己的人生选择的呢？

你说儿童读物上的那个谜题？"跑得比电报快会是什么样？跑得比电还快又是什么样？"早在爱因斯坦的大名成为"天才"的代名词之前，早在他吐舌头那张海报贴满美国所有高中教室之前，爱因斯坦花了十年时间思考这个虚无缥缈的问题。忠实的读者，除了如何正确安装厕纸以外，你有没有花十分钟思考过某个问题[1]？这可比十年少多了。整整十年住在破旧公寓里，穿脏袜子，吃芝士末煮方便通心粉，还要忍受缺乏性趣的生活，并乘公交上班——他命中既不注定成功也不注定失败，这只是一条刀锋般狭窄的钢丝绳，自爱因斯坦往后的每个理论物理学家都必须走一遭。X 世代的人会说，他"超越自己的时代"[2]。

反正，故事就是这么讲的，在第无数次地乘坐散发着尿臭的大巴穿过城市时，爱因斯坦终于以他的头脑向世界释放了天才的风暴（于是，他父母也得以从偿还助学贷款的重负中解放）。

你看，爱因斯坦当时正乘车路过市中心的钟楼[3]。周围弥漫着瑞士奶酪和德国煎香肠的气味，和车上浓浓的汗臭味相映成趣。爱因斯坦忽然想，要是这辆大巴突然以超过光速前进，那么这嘀嗒作响的大钟看起来会是什么样子呢？他认为，来自钟楼的光线会无法到达他的眼睛，会始终以同样的速度跟在他身后。看起来就像是静止的。而他的怀表，假如他买得起的话[4]，会像往常一样正常走动，因为它和我们亲爱的朋友运动速度相同。

于是，爱因斯坦顺着这个思路，提出了狭义相对论。要是他更大胆的话，就该直接用袜子在地毯上使劲摩擦产生大量静电，该方法后来被证实可以产生

[1] 安装厕纸需要十分钟以上，此结论由 2049 年一位量子物理学家证明。
[2] 这可不是双关语。
[3] 几乎所有研究时间的伟大物理学家，都在某些时候，和巨大的钟表之类的东西，发生过这样那样说不清道不明的密切联系。
[4] 他买不起。所以我们只是这么一说。

短时的时空断裂 [1]。后来他辞去了工作 [2]，出版了这套理论，得了诺贝尔奖，在物理学上为后牛顿时代做出了榜样。事情本该如此。

把爱因斯坦的轶事和成就列出清单的话，肯定比他那头卷毛头尾相接连起来还长（比如他跟他的表亲结了婚），但我们现在只关注他对理论物理做出的三个重大贡献及其在时间旅行上的作用：

1. 狭义相对论
2. 广义……

那啥，我们先等一下。你抓住重点了没？这家伙跟他表亲结婚了。我们可以从中得到两个教训：不管爱因斯坦是不是发现了某些我们尚未发现的秘密，下次你去海滩的时候都应该好好观察观察你的亲戚们，或者，要是你准备或已经和亲戚结婚，至少要确保你自己是天才或了不起的运动员，这样你再惹人厌社会舆论也会比较宽容。反正吧，爱因斯坦对理论物理做出的三个重大贡献，及其在时间旅行上的作用如下：

1. 狭义相对论
2. 广义相对论
3. 虫洞

狭义相对论

解释狭义相对论最简单的方法就是采用"糟心泥猴觉醒假说"。在这种情况下，地球上的每个人都在以相同的速度运动。虽然有些人乘坐高铁上班，有

---

[1]　时间旅行者的报告显示，他确实那样做了，但是由于他满心负罪感，根本没法请妻子帮他补袜子（我们之前说了——他的生活毫无性趣可言），所以他的袜子满是窟窿眼，这就在电路上留下了漏洞，从而阻止了时空开裂。谢谢你，爱因斯坦，你把世界拖后了一百年。
[2]　你不要辞职。

些人蹲在爹妈家灯光昏暗的地下室里阅读某不靠谱指南——但是总体来说，所有人的运动速度都非常慢，基本可以视为速度相同（约等于地球在宇宙中横冲直撞的速度）。我们把这个速度叫做 17。现在，假设你是个宇航员，假设你在太空里执行一个超级重要的任务，却一不小心和空间站失联了，然后不知怎么的，乘飞船以接近光速的速度在宇宙中飞行。我们把这个速度叫做 c−1[1]。

你以 c−1 的速度航行了十年。就人类生命周期来说算是挺长一段时间了，而且这么长的时间都要通过一根管子尿尿也挺难受的。当你的飞船最终飞离宇宙尘埃[2] 之后，你的速度慢下来，然后发现面前有一个非常美丽的星球。你的飞船坠毁（因为你忘了怎么驾驶这鬼玩意儿），然后发现这个星球和地球出奇地相似，但地貌不同，且星球上的智慧大众都是猿类。在被俘、逃脱，并和本地猿类发生了性关系之后，你发现自己穿着内裤躺在沙滩上。你忽然看到自由女神像半身被掩埋在沙子里，你终于明白了：这颗行星就是地球。

这是怎么回事呢？你只不过离开了十年。这是俄罗斯人干的吗？很有可能。但正确答案是狭义相对论。

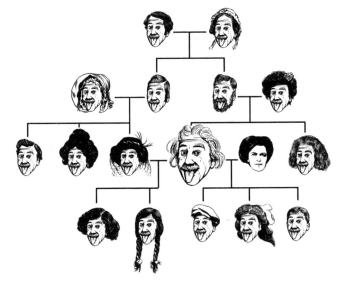

爱因斯坦家谱

---

[1] 读作 c 减 1。啥，看不懂？你学过代数没？c 代表光速，出于某些原因我们及其他任何东西都达不到光速，这要归咎于 E=mc²。我们下文再也不会引用这个公式了，所以别因为认识这个公式就瞎开心。
[2] 这是你的飞船动力源。

你看啊，当你乘着飞船在宇宙中急速行驶时，地球上的人们正以 17 的速度行进。你运动得越快，相对于低速运动的人们来说，你的时间就行进得更慢。所以虽然对你来说只是过了十年，但你的地球同胞却度过了更长的时间——由于你接近光速运动，所以相对地球来说你的时间过得非常非常慢。与此同时，你的母星上的同胞们被高度进化的猿类超越了。对进化论和神创论而言，这都是剧烈的冲击。这就是狭义相对论：最原始也是最简单的时间旅行方法，是爱因斯坦对短时时空断裂的主要贡献[1]。缺点吗？去往未来，仅限单程。

广义相对论

爱因斯坦的广义相对论发表于 1915 年，也就是说他又花了十年时间思考新的问题。这是他第二次这么做了，所以我们就不必赘述。

不过大松一口气的读者，你认为自己掌握了"糟心泥猴觉醒假说"，你认为自己掌握了基于观察者的相对时间概念，事情就会变得简单吗？跟你说吧：广义相对论中，最简明的概念就是它比狭义相对论复杂得多，虽然名字倒是挺大而化之的。

即使在爱因斯坦那个时代，命名也和人性中对时间旅行的需要混合在一起。想象一下，你把自己的第一个孩子命名为"狭义"，那么十年后，你怎么命名第二个更为聪慧，却被误解的孩子呢？"超级狭义"？你这还不是时间旅行者的思维！如果他有那个本事，爱因斯坦一定会像众位理智的时间物理学家一样，回到过去，趁过去的自己蒙头大睡或寻欢作乐[2]的时候，把论文手稿上"狭义相对"这个名字改成"广义相对"，然后回到未来，把"广义相对"改成"狭义相对"。如你所见，这办法能减少很多歧义。

所以就是说，如今这些明明是薄荷巧克力的物理学家们也总是一味坚持自称香草巧克力。爱因斯坦提出广义相对论的最初目的是讨论牛顿运动定律在相

---

[1] 小贴士：记得高铁列车吗？如果车上有人一辈子都不下来，那么他可能比站台上的人多活好几天。没错！狭义相对论让你懒人长寿。试试吧。
[2] 在酒吧追求你的漂亮表亲。

对论框架下的应用。在牛顿力学中，重力是常量，与参照系无关。但狭义相对论却告诉我们，重力、参照物及其他固定因素都取决于我们对物理和宇宙运行规律的理解。重力只是要素之一，而基于所有这些因素，广义相对论将在接下来的几个世纪里引导人们得出无数以发明者命名的公式，以及好些惊人的结论。我们会把这些公式和公式的名字告诉你（考试要用）[1]，然后直接解释它们究竟是什么意思 [2]。

广义相对论认为加速度和重力是一回事。也就是说，重力只是加速度的一种表现形式。理论上来说，这意味着重力可以助推狭义相对论中描述的单向前行的时间旅行，但是这需要在很长的时间范围内消耗大量重力才能产生实际作用。这个方法在星际迷航 4《抢救未来》中得以实现，船员们采用了"弹射法"将自己送回到过去。他们……呃，乘奋进号将自己弹射出去，绕着一颗恒星飞行，然后利用空间曲率——然而这就是瞎扯淡，别尝试这个办法。星际迷航 4 只是个电影。

在极限条件下，广义相对论还假定了黑洞和奇点的存在——而事实上它们确实都真实存在。这点非常重要，因为被吸入黑洞或奇点可能会让你穿越时间和空间。但更常见的情况是你被压碎，或者瞬间消失，连组成你的原子也消失，进而成为某种重力现象。但要是万一你没有被相当于一千个太阳的物质碾成齑粉，你活下来了，你会发现自己到了一个神秘的全新时间和空间 [3]。

最后广义相对论还向人类提供了一种节俭之道。你可能注意到了，在上一段里，我们不止一次说到了"时间和空间"，我们说了两次。这是浪费。爱因斯坦告诉我们，时间和空间其实是一回事。他称之为时空，我们也这么说。这个词包括了几层语法之外的意义。首先是影响空间的因素。如果把空间想象成你的脏床单，而行星和恒星则是你无意间丢在床上即将被老妈发现的不健康杂志，你知道这是什么意思了吧。知道床单要凹下去的吗？知道一堆巨大的成人杂志是怎么把周围床单压凹下去的吗？在空间里也是这样的。比方说，在星球

---

[1] 是的，要考试。
[2] 如果你真的对时间旅行有兴趣，那你一定也能很快适应我们这种方式。直截了当是我们的风格。
[3] 我们会在第 2 章解释为什么这样不好。

周围，光线的传播速度要比在真空中传输得慢。但是由于光速是常量（也就是说它无论如何也不会变慢），于是我们得知光线之所以变慢是因为它沿着弯曲的空间传播了 [1]。光线传播的距离变长了。

其次，这一点特别科学。我们可以用"如果，则"句型来表述：如果时间和空间是同一个概念，则我们可以通过在空间中运行从而展开时间旅行。女士 [2] 和先生们，我们向您呈上……虫洞。

虫洞

如果你看了本书的书名 [3]，你可能猜到虫洞对时间旅行来说非常重要。狭义相对论非常令人不安，主要是由于各种不确定性和只能去往猿猴未来且无法返回所致。而广义相对论则效率奇差，且复杂得莫名其妙。虫洞则是确定无疑地从一处前往另一处，从一个时间段前往另一个时间段，一切都取决于你的时间机器是否安全。

从本质上来说，虫洞是亚原子空洞，连接着宇宙中一个无穷小点和另一个距离遥远看似无关的无穷小点。证明它的最好办法是如下实践：

•   •

上图的两个点算是足够远，肯定的。如果你把这一页对折，这两点就贴在一起了，这样一来，你就建立了一条两点之间的"捷径"。等等——其实你没有真的把书对折，对吧？那只是假设！我们没有说要你折叠任何东西。现在这书毁了，它在未来不动产拍卖会上拍不出去了，没价值了，而且你很可能想拿去书店退货吧，现在不行啦。干得好。

不管怎么说，概念就是这样的。虫洞无处不在，时间旅行则是通过某种控制方法让无穷小的空间变大，大到能让你通过，并且不会在你通过时把你关在

---

[1] 如果这里不明白，就再想想你的脏床单和成人杂志。
[2] 不是笔误——这本宅书真的只有一位女性读者。（本书中文版译者和编辑也是女性，由此可断定本书还有很多很多女性读者，别这么悲观，作者。——by 译者）
[3] 本书原名 *So You Created A Wormhole: The Time Traveler's guide To Time Travel*，直译为《你弄出个虫洞：写给时间旅行者的旅行指南》。

里头骤然消失，也不会把你部分地关在里头害你缺胳膊少腿。

虫洞理论实际应用到时间旅行中，应该是在爱因斯坦提出该理论好几十年之后。1955 年他在新泽西的普林斯顿逝世，享年七十六岁，远比他二十年前就去世的妻子艾尔莎长寿。根据记录，她也是爱因斯坦的表亲。

埃米特·布朗和高速德罗宁 [1] 虫洞跨越装置

1955 年，谁也不知道该如何造出光速交通工具——倒是有几个空军飞行员驾驶坠毁飞碟改造的飞行器，绕新墨西哥州飞行打破了速度纪录。他们绝对把当地居民吓得半死 [2]。

与此同时，当时的科学家们发现自己跑偏了。爱因斯坦所要求的光速对时间旅行来说太难实现，于是他们把满腔怒火都发泄到亚原子头上，结果事情变得乌七八糟 [3]。

终于，埃米特·布朗博士横空出世，他是个来自加利福尼亚山谷市的怪人，他将带来一个巨大的跨越，一台真正实用的时间机器将被制造出来了。他是通量电容器的发明者，通量电容器是以电为动力的量子漩涡发生器。借由巨大的能量——1.21 千兆瓦，唯有核爆或闪电可以比拟——布朗发现他可以短时间内弯曲时空，制造出从一个时间到另一个时间的虫洞，而且很精确。

最终，这种时间机器风行一时，引发了各种鲁莽胡闹的行为。

但布朗也不总是这么成功，这么随意地穿越。在他成为布朗博士，成为时间机器发明者之前，他是埃米特·冯·布劳恩，别跟那个疯老头说话，孩子。

埃米特·冯·布劳恩是德国火箭科学家沃纳·冯·布劳恩 [4] 的一位亲戚，一战后他就离开祖国，在军事方面做出巨大贡献，他修理了包括火箭在内的所有东西。由于此后一直无法走出父亲的阴影，埃米特把姓氏换成了布朗，并以"博

---

[1] 《回到未来》里头的汽车。译者注。
[2] 20 世纪 50 年代前后新墨西哥州发生过一系列的 UFO 事件。最著名的就是 1947 年的罗斯维尔事件，据传有飞碟坠毁在罗斯维尔附近。此外还有 1955 年的 UFO 从城市上空飞过事件。译者注。
[3] 如作者所言，当时正在进行着"乌七八糟的"冷战和军备竞赛。译者注。
[4] 火箭专家沃纳·冯·布劳恩生于 1912 年，德国贵族后裔。受德国科学家赫尔曼·奥博特影响，专注于火箭制造。二战期间是德国党卫军高级军官，并领导设计了纳粹 V2 火箭。二战结束后布劳恩进入美国陆军装备设计局，主要参与火箭设计与宇宙探索计划。参与美国首颗卫星探险家一号的设计工作，以及后来的阿波罗登月计划。阿波罗 11 号登月成功是其事业的巅峰。译者注。

士"头衔称呼自己，实际上他根本没有高等教育的证书 [1]。

通量电容器及其运用成果时间机器无疑是布朗一生的心血，也是他留下的遗产，但在 1985 年时间机器得到完善之前，他作为发明家完全是个可悲的失败者。在他的各种其实没什么用的发明中，思维读取头盔据说在某些测试中会造成大脑损伤，而扩音系统则在某次宾夕法尼亚的音乐节上爆炸了，还把参加音乐会的观众扔到临近市镇，至于廉价净水系统则在后来被发现，特定温度下会重构水分子结构，把水变成某种类似香茅油的东西。

布朗甚至对时间旅行也不太感兴趣，不过后来他在独居时偶然遭遇了脑震荡。根据他的非官方传记《埃米特·布朗：因意外跌倒而横空出世的天才》（作者：厄林·维利克）记载，在尝试往浴室里挂挂钟之后，布朗突然得到灵感开始造电容器。他本来是站在自家马桶上，这样就足够高了，可是他突然失去平衡往后倒了下去，在水槽上把颅骨撞破了。

伤势不严重，但布朗还是晕过去了。数小时后他终于醒来，通量电容器的图像突然出现在他脑海中。后来他潜心研究三十年，而家产却少得可怜，神经学家必定会说他得了"颅内出血后遗症"。

交通工具

通量电容器将能量增强，引导其产生时间旅行的途径——一个稳定实用的虫洞，足以让人类或狗在时间中穿行。但是布朗很快就发现这个通道只能存在一秒钟，然后瞬间关闭，进入其中的任何东西都出不来。通量电容器确实能够打开通道，但如果不能足够快地从中穿过，物体就会损毁，情况基本类似把你的手指放进雪茄切割机或者搅拌机 [2]。

---

[1] 《回到未来》第三部，15 ～ 16 分钟处，布朗博士介绍自己的家族称：冯·布劳恩家族于 1908 年迁入山谷市，并在一战期间将家族姓氏改为布朗，所以本段并非全然是作者瞎编。但是火箭专家沃纳·冯·布劳恩生于 1912 年，到达美国是在 1945 年，所以他和埃米特·布朗究竟是何种亲戚关系也很难断定，从时间上推测人概不是父子关系——除非整个布劳恩家族都深受时间机器影响。译者注。
[2] 你的手指一部分被关在时间机器里，另一部分关在时间机器里然后消失在另一个维度里。

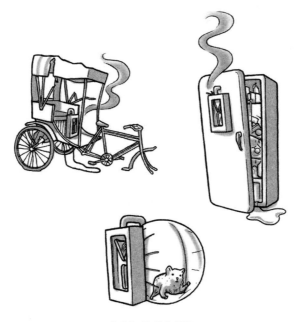

失败的时间旅行机器

在经历一系列爱迪生式的失败之后，布朗发现德罗宁作为时间旅行的交通工具再合适不过（德罗宁是一辆车，不锈钢车身，由一位古怪的汽车设计师在自家车库里造出来的）。它有三大好处：不锈钢车身可以帮助电容器在车子周围形成虫洞，并且保护电容器不受几乎无法预料的电荷影响。第三个好处就是它看起来特别酷炫。

现在就剩下速度的问题了。时间机器需要多快才行呢？而且，在人类真正能够通过虫洞跳进历史之前，我们还要以科学的名义屠杀多少实验室动物呢？

这就要说到布朗在除了头部受伤之外的最大发现了。

根据一些法律禁止透露给诸位的计算结果，布朗发现了那个最佳速度，可以让人穿过虫洞并且不会被切成两半或被时空搅拌均匀。人们确确实实需要以极高的速度在时间中穿行，但是并不需要达到光速。但解决办法不会马上降临到实验室仓鼠身上。

需要的时速是：八十八英里每小时。超过这个速度，机器就会错过通道，车子则会撞上对面的商场或市政厅。低于这个速度，通道会突然关闭，造成尴尬而迅速的死亡。

现在是时候行动了。布朗和加利福尼亚的利比亚恐怖分子达成协议，同意用最稳定的军用级铀制造一个核弹头。但他用这些铀和百分之五十的预付款制作了一个通量电容器的工作模型，当时离他提出这个概念已经过了三十年了。不幸的是，他只有一次机会测试这个理论和德罗宁时间机器。这是埃米特·布朗博士最后一次以科学的名义向科学宣战。

测试在他的密友小狗爱因斯坦身上进行[1]，博士知道自己在干大事。随后他又将动物测试升级到人类青少年身上，而其他内容，据说可以在你家附近的沃尔玛买到盒装特别版[2]。

德罗宁在使用过程中至少有三次险些引起时间线崩溃，但布朗博士的惊人实验不只是首次载人时间旅行成功，同时也为每一个有德罗宁的傻瓜开辟了全新的道路，而且还提供了全新的作死方式。

布朗博士退休后和妻子克拉拉生活在美国边境的一所房子里，1888 年那里还是严格保密的，但他的成就将被永远铭记。正是他的时间机器和爱因斯坦的理论让我们进入了时间旅行的时代。而且是能往返的，这很重要。

在第 2 章里，我们将仔细了解各种时间旅行的方式，并将获得借助机器进行时间旅行的全方位许可[3]。

---

[1]　鲜为人知的事实：布朗博士和小狗爱因斯坦之间的关系十分紧张且暗含杀意，在布朗鲁莽地把小狗爱因斯坦作为活体实验对象之后，这种紧张达到顶点。
[2]　请购买正版《回到未来》的 DVD BOX。译者严厉提醒。
[3]　如果你已经打算尝试进行借助基础知识（并在第一回就玩完）的时间旅行，那就不用看这条注释了。

02

时间旅行名模和他们有钱的丈夫

这么说你坚信新一章也是为你而写的了。你已经基本上了解了时间旅行，认识了这个领域的前辈并打算去约你的表亲。这么说吧，在时间旅行这块美味多汁的墨西哥卷饼上，你自认为是咬了一大口了。然而我们要告诉你一些坏消息：你把卷饼酱汁糊到下巴上了。说是下巴上的酱汁，其实是指你的脑浆从鼻子里流出来了——因为你的想法快要爆炸了[1]。

你大概掌握了时间流和一般意义上所谓的前进、上方、穿过、绕行、下一个及垂直于时间，但还有一个情况：过去一年有很多种结束方法。还有明日镇，很可能会有。

众所周知时间旅行指南的损害在于把很多次短暂的时间旅行胡乱凑成一团，形成某种单次的、魔法似的方式，让人从一个时间段跳到另一个大相径庭的时间段。但事实则是，乔治·泰勒冒险前往未来的模式和演员保罗·沃克回

---

[1] 从你的脑袋里炸开。这是个比喻。当然了，除非，你的脑子真的会在你尝试时间旅行的时候炸掉。如果是这样的话，我们其实已经提前告诉过你了。

到中世纪法兰西的模式截然不同，前者是去与超智慧猿类种族开战，后者是为了阻止迈克尔·克莱顿的杰作制作成为电影[1]。

正如普通旅行模式也包括各种风险一样——比如说跑步可能导致跌倒，跳跃可能遭遇路人打脸——并非每种时间旅行模式都天然平等[2]。有些模式比较危险。嗯，坦白说吧——非常危险。按照危险等级来说，时间旅行是你能做的最危险的事情之一，介于无降落伞极限跳伞和跟老婆吵架之间。开诚布公地说吧，只有四分之一的时间旅行不会造成死亡，只有六分之一的时间旅行不会造成永久性残疾。

通常认为，部分时间旅行模式会更加危险（即引起更多的烧伤、断肢及皮肤缺失）。以下可进行时间旅行的（著）名模（式），按照稳定性排名，换而言之，即根据实际使用时，造成死亡结果的相似性进行排名[3]：

虫洞

相对论

量子泡沫

黑洞

虫洞泳装模特　　　相对论时尚模特　　　量子泡沫手模　　　黑洞准模特

四位时间旅行模特

---

[1] 《时间线》，派拉蒙，2003。但还是别去看了，看书就行。

[2] 事实证明，对时间旅行者而言时间旅行最大的危险就是时间旅行，而非如此前预估的穿越机器人。

[3] 该排名不保证各方法的成功率。时空管理事务所对任何财产、理智和分子损失不负有任何法律责任。

所以说，你可以认为虫洞旅行——我们书面和内心排名第一的模式——是最不致死的模式。与之相反，最后一位模式（黑洞旅行）则是你能想到的最差的主意。

但是，你的死亡，你死亡后的血管组织，你死亡时的恐怖感及其社会属性，则并不完全与此相关。你正在阅读本指南，也就是说，你还不想死！至少是不想在时间旅行的过程中死去。做到理论上不死的第一步，就是了解哪些时间旅行的方法被广泛采用，并理解其长处、短处及风险。

熟悉各种时间旅行的方法可以帮你决定如何——甚至能否——平安回家。至少的至少，也可以防止你到了某个遥远时空中之后发现自己丢了重要零件，比如耳朵。

虫洞

爱因斯坦最酷的主意，安全，无限核能 [1]，虫洞是时间旅行者们的好朋友 [2]。每次有人想要回到过去，虫洞都是他们的首选。事实上，某些看似不相干的时间旅行方法本质上都是基于虫洞而成立的。

如果你认真阅读了第 1 章，就该想起虫洞是什么：一段弯曲的时空，可以极大地缩短一点到另一点之间的距离。你还应该想起制造虫洞所需的条件：某种形式的通量电容器或其他同样功能的空间弯曲装置，很多很多能量，某种让通道保持畅通的手段（如星门 [3]），或是在虫洞关闭前快速通过其间的办法（如德罗宁汽车）。

此外还有诸多因素让虫洞成为最安全、最便宜以及视觉效果最赞的时间旅行手段 [4]：

---

[1] 遗憾的是，事实证明无限核能其实是不可能的，但虫洞依然是超酷的主意。
[2] 当然首先你要努力去当朋友，并且设法给恐龙装上鞍辔。详见"生存指南：史前历史：恐龙，骑乘"。
[3] 星门（名词）：1. 指打开两点间空间距离上虫洞的机器，但无法连接时间上的两点。2. 由科特·拉塞尔主演的一部平庸电影。3. 麦克盖维主演的电视剧，比电影强得多。
[4] 见：当不可避免地需要出售电影版权时，最简投标指南。

优势：

难以开启，更难通过

虫洞就是一个时间和空间上的一个洞，所以其内部并不讨人喜欢。进入（并通过）其中的难度系数之高，以至于你不可能通过虫洞当天往返，也不可能说走就走，瞬间消失。

相关：需用特殊材料建造

另外，由于需要用到一些特别昂贵，特别可怕的材料——如钚——才能让你的时间机器启动，也就是说，你至少要聪明到：1.持有钚（而不弄死自己），2.制造一个要用到钚的时间机器（而不弄死自己）[1]。这两条有效减少了使用虫洞进行时间旅行的二傻子数量，但仍有凑热闹的。

快捷时间旅行，往返皆可

根据定义，虫洞允许时间旅行者从时空中的一点前往另一点——在时间旅行中花费的时间越少，越不会发生事故。想象一下普通形式的交通，比如开车：你在车里的时间越长，越有可能发生车祸[2]。再说了，夺取时间就是时间旅行的关键。

可回溯过往

在虫洞的精彩世界里，回到过去和前往未来都是一回事。

可由数种方法实现

更多趣味我们不在此一一罗列，其实并不是必须用到钚才能制造出虫洞——任何巨大的能量，如闪电或分解残渣的细菌[3]都行。虽然很难生成 1.21 千兆瓦的能量，但很难并非全然不可能。现在套上你的裤子，像个时间旅行者一样思考问题吧！

---

[1] 在获取放射性物质，制造含有放射性物质的时间机器期间出现的死亡不计为时间旅行中的死亡——引自《时空管理事务所时间旅行死亡完全统计调查》。癌症也不算。
[2] 而且，近 85% 的车祸都发生在离家一公里距离以内。我们建议你把时间旅行的地点安排在这个半径以外。
[3] 见"生存指南：史前时代：修理时间机器：制作非化粪石电池"。

劣势：需要巨大的能量

时间旅行很可能既昂贵又艰苦。在绝大部分宜居星球上，钚都不会从树上长出来，而你也不可能随随便便在池塘边捡到个疯狂科学家。当你考虑着基于汽车这样简单的东西来制造虫洞时间旅行模式时，虫洞旅行似乎挺划算的……不过你有没有买过闪电？我们买过。闪电可不便宜。而且卖家要求你自带容器[1]。这也不便宜。

一定可能性的爆炸及火灾致死

我们刚才说可能性吗？其实我们是想说概率[2]。要知道，就算提供了装闪电或钚的实用工具，取出来的时候也不一定安全[3]。

必须穿过时间和空间

嘴上说"我要去公元前 2543 年的古埃及"是一回事，但要确保自己不会一头栽进沙丘又是另一回事了，或者更重要的：不要一头栽进空荡荡的太空里。尽管我们现在感觉地球的存在是恒定不变的，但它在太空中的舞蹈很可能把你扔到一边晾着——和那些令你大失所望的中学舞会一样。所以请确保你的虫洞和天体运行同步。

相对论

爱因斯坦的相对论为前往未来提供了一种很方便的方法，根本无需折叠空间。事实上相对论提供的办法非常传统。

在第 1 章中我们介绍了相对论。要点如下：你的运动速度越快，就能到达越遥远的未来。

爱因斯坦假定在以亚光速运动的时候，运动者的时间会比其他人更慢。

---

[1] 闪电安全包在时空管理事务所网上商店里有售。地址：www.thetimetravelguide.com。
[2] 事实上，我们的意思是"确定性"，但出版商认为指南里写必死无疑的事情肯定卖不掉。
[3] 假设你真的很幸运，有那么一个盒子。

这点已经由大量数学公式证明过了，就像芭比娃娃曾经说过的"数学太难了[1]"。

你必须知道的事项如下：如果你制造出一台可以以亚光速运动的飞船，你就能飞往未来了。如果你以超过光速运动，你就能去遥远的未来。但请你记住，和你在八年级跑步时，13 分钟跑完 1 英里相比，光速是你的 10^{23} 倍——所以技术上来说，这不算时间旅行。

优势

易于理解

跑得快，去得远。不是火箭专家也能懂[2]。

理解时间旅行，并把它作为天上掉的馅饼加以接受！

超光速的时间旅行是时间旅行中的圣杯[3]。20 世纪及 21 世纪的科学家们一边把时间旅行斥为谬论，一边呕心沥血研究时间旅行，终于在无意间借由相对论铺平了通往未来之路，第一台超光速时间旅行装置于 2045 年问世。简单来说就是：糊科学熊脸。科学万岁。

最后，数学的作用

相对论和虫洞不同，虫洞需要大量准备工作，很多情况下你还得经过盲测才能知道自己去了哪儿。相对论十分稳定。爱因斯坦的公式定义了时间旅行者的时间相对于时空中的低速物体会变慢多少。只需要在计算机里运行一些广为人知的公式，就能知道要让飞船引擎保持超光速多久。哇咧！到未来啦！不用担心被正在关闭的虫洞切成两半，不用担心来自黑洞的引力，不会掉进空洞的宇宙中任凭你奄奄一息咒骂自己愚不可及。

---

[1]　所以你只能买到当总统、当生物学家、当宇航员的芭比。20 世纪 90 年代，天启近在眼前，而美国人只想着数学太难，简直莫名其妙。

[2]　但要实践的话倒是真的需要火箭专家。

[3]　就是字面意义的圣杯。最终人们在佐治亚州亚特兰大市的某个公寓小阁楼里找到圣杯时，发现基督圣杯上刻着超光速时间旅行的公式、量子计算机的秘密以及鹰嘴豆美味食谱，这倒是给寡淡无味的圣餐增添了一些风味。

劣势

你再也回不来了

我们在第 1 章中说得够多了，如果你选择相对论作为时间旅行的方式，你肯定没法订返程票。最好的情况：你来到未来，那里有以虫洞技术为基础的返程时间旅行机器，而且恰好可以付费使用或者可以偷走。为了在未来的家里永久生活下去，请参考本书后面部分的生存指南。

耗时较长

和其他时间旅行方式不同，相对论不是让你瞬间穿过时间。你之所以能以超光速旅行到达未来，根本原因是你的时间比地球的时间慢。你度过一分钟，地球上的人度过两分钟。你乘坐飞船过了十年，到了地球上却是一百年以后。对，这很好，你到了一百年后的未来。只不过花费了十年时间而已。其实这也算是彻头彻尾的浪费时间——个中说法全看你耐不耐心。此外，为了度过漫长的时间，你也需要一套次级系统……比如……

低温冷冻！

低温冷冻是一种抑制被冷冻对象生理机能的技术——从本质上来说，就是把你冻起来。时间旅行者们在太空航行的时候可以进入大冷冻舱里休眠，醒来之后已经是十年、二十年甚至上千年之后的未来了，而他们自己只不过是睡了一觉而已。

理论上来说，低温冷冻技术真的很好；操作起来好像魔法 [1]。但实际上这么做更像是在公园里蒙头大睡，醒来的时候多半会发现电脑包没了，还有个人拿刀指着自己 [2]。即使你真的在旅途中睡过去，成功抵达未来，没有遇到任何旅行方面的困难，没有在永无止境的太空里发疯，也没有在冷冻过程中耗尽给养，总之你就一觉睡过去，把小命扔给机器。它负责保证你活着、吃喝、喘气等等。但是，一只以光速穿行在宇宙中的大型金属舱里可能发生很多事件，多

---

[1] 当然，没有吊死或者全身浇沥青那一套。
[2] 这是最好的结果了，你只是看起来像个娘炮而已。

到足以再写一本指南[1]。

超光速旅行意味着非常、非常遥远的旅行。

太阳的光线到达地球只需要八分钟。非常快，毕竟太阳到地球的距离有九千三百万英里。这个距离可以绕地球3734圈，跑3576923个马拉松，排列好几亿坨鼻屎。

而你的超光速飞船却能在不到八分钟的时间里冲进太阳那熔炉般的内核里去。重点：当你进行超光速旅行时，你肯定会撞上某处。而那是在很远、很远的某个地方。所以当你考虑相对论的时候，请务必考虑两点（不算低温冷冻什么的）：

比尔·查普丁克在低温冷冻的睡眠中悄然死去

1. 清除路障
2. 目的地明确

在你旅行的过程中宇宙会发生各种变化。认为只要计划周全就能安全达到未来是不现实的——也只在理论上可行。当然，还是可以一试。

量子泡沫

量子泡沫这个概念十分微妙。尽管我们力求"科学""精确"，但我们的编辑[2]按规定提醒我们，本书的核心读者群是一些平时只读小学三年级水平读

---

[1] 我们很愿意一起卖给你。
[2] 他说的是英文版编辑，不是我，这锅宝宝不背——简体版责编注。

物的傻瓜蛋。

我们斗胆推测，当你读到"量子泡沫"这个词的时候，你根本没想到"量子"，你脑子里第一时间出现的图像是泡泡。肥皂泡、包装填充材料、绒毛玩具填充物等等。不过你想象中的画面正是理论物理学家们 [1] 想要描述的。

"泡沫"这个词所描述的物理状态非常宽泛，是指从基础层面而言，某物体的结构十分混沌。在一团泡沫中，没有两个泡泡是一样的；有些泡泡破裂，有些泡泡形成。如果你喜欢玩泡泡，还可以把它做成不同的形状。不管你信不信，宇宙也是这样形成的。我们举个例子：虽然你现在可以看见这本书，把它拿在手里阅读，翻动书页，用手摸摸它昂贵的价格标签，然后气呼呼地把书扔回桌上，但在亚原子层面上，这些事情根本不存在。电子旋转，夸克旋转（据说是的），更小的基本粒子在它们内部窃窃私语。当我们深入到无穷小层面，基本粒子甚至不存在于某个确定的位置上 [2]。

因此，不管你信不信，量子泡沫——或者说上文描述的那种亚、亚原子状态——和泡沫很相似：大小不同、位置不定、不断破裂、完全不成形，且中间有很大空隙。但是，不知怎的，我们有很多这种泡沫，然后再退到很远的地方，就得到了有形的东西——比如说宇宙，我们都感受到了，或是时间机器和玉米饼。

现在你可能忘了，但是不管你信不信，这些都和时间旅行模式密切相关。本质上来说，它包括缩小或分解为原子，穿过泡沫间无穷小的空间，然后来到另一边的另一个时间……很可能是在另一个宇宙。

---

[1] 他们比你聪明百倍。
[2] 事实上，量子物理学家提出了不少概率公式——科学家观察基本粒子，然后推测它们可能在什么位置，可能发生什么情况。想想 21 世纪早期电视节目《买不买》（又名《一掷千金》）。只不过在物理上，"买"是构成一切的要素，"不买"则是另一个宇宙或者其他什么的。大家就知道这么多。

这样一来，量子泡沫不就和虫洞一样了吗？

在你跟着我们变聪明——根据我们的记录，确实会——并指出量子泡沫听起来像极了虫洞之前，让我们来理清二者的差异。它们共有两点不同。

1. 一大一小

虫洞是要打开一个正常人尺寸的洞并快速穿过其中，而泡沫则是你缩小或被分解为原子，以便穿过泡沫之间无穷小的空间。瞧，不同吧。

2. 有关旅行裤衩的原则

虽然我们常把虫洞描述为一个门，但更形象的理解应该是两个端点——入口和出口。所谓"中间部分"至少从之前往之后的过程。简而言之：如果你能打开一个虫洞，那么理论上来说，你可以把出口设置在任何时间、任何空间。也就是说，虫洞是时间旅行中的弹力纤维——舒适，光滑，富于延展性——但量子泡沫则是木头，就像穿木头裤衩一样，它缺乏延展性。为方便理解，你依然可以把量子泡沫时间旅行看作一个门，有出口和入口——但请记住，这个入口和出口是固定的。如果你想去往某个特定的出口，你就必须从特定入口进入。此外，有理由相信，你根本没有进去也没有出来，你只是利用泡沫中的缺口到达了上述泡沫中的另一个点，而在量子层面上，这个点和其他所有点都同一时间存在，同时的。瞧，两个不同了。

摇头？你的方向没错（也就是一边到另一边）。现在看看量子泡沫时间旅行的优势和劣势吧。

优势

像虫洞一样，可以去任何地方

虽然出口固定，但所有的出口都在同一时间同时存在。所以，尽管有两个关键性的差异，量子泡沫时间旅行依然可以去往任何时间任何地点，只要你拥有并能操作适当的设备，并且有一份最新版的简明量子泡沫地图[1]。

技术上来说，可以去往过去

虽说不只能到未来，但也只是技术上而言，因为限制条件很多。量子泡沫

---

[1] 出于某些交易章程，这种地图只能由法国加拿大人印刷。不过即使你恰好是个身在法国或是加拿大人或二者兼备，地图依然不是一般的难懂。

时间旅行其实就是靠猜的时间旅行，一切都靠猜，一切都没什么效果。换而言之，你自己控制不了。也许你回到了过去……然后过去的过去……

让你焦头烂额的那个宇宙，很可能不是你本来的宇宙

光子时刻互相干涉，即使它们相距甚远。如果你将一个光子和其他光子隔离，结果还是产生同样的干涉——就像没有光子减少一样。

由此可推测，在我们的宇宙之外还有多重宇宙。如果你将一个人送入量子泡沫，他有可能进入其他宇宙。事实上，因泡沫太多，可能性也太多，一些科学家认为宇宙的数量应该是无限的。嗨，宇宙们。

如果有无限多的宇宙，那也就是说，有无限多的宇宙和我们这个宇宙大相径庭，也有无限多宇宙和我们的宇宙相差无几。毕竟，要填满无限多的宇宙，于是就有怪物、类人猿或是恐龙都市，唉……这才三个种族。

总之，当你通过量子泡沫进行时间旅行，你很可能根本就不是穿过了一段时间——你可能是在各个宇宙之间旅行，只不过有一些宇宙相当于我们这个宇宙的过去。也就是说，你有机会改变那边的时间线，而你自己的时间线则不受影响：因为你不是在改变过去，你只不过是在改变别的世界而已。这样的时间旅行基本等同于在公共休息室的座位上小便，至于哪个倒霉蛋会坐上去则跟你无关。

劣势

你去的那个宇宙可能根本没有你

由于你根本不在原先的那个宇宙，所以基于篡改后的过去的篡改后的现在也会大幅度减少，但你同时应该想到：当你"回家"的时候，也许根本就没有真的回到家。很可能只是已经包括你这个存在的无限多个（a）或（b）之一。

如果是这样，你很可能永远都回不去最先出发的那个宇宙了。这是应该子弹最多，空包弹最少的轮盘赌。

更糟糕的是，这些宇宙不但难以寻觅且变化多端，它们和你本来的那个宇

宙之间很可能有着强烈的联系。可以参考杰瑞·奥康奈的电视剧《旅行者》[1]。尽管有无限个宇宙，但是它们互有联系并形成一个整体，所有事物，所有时间，形成了一个超级终极宇宙。所以，虽然在过去犯了错误也许不会影响未来，但是其实很可能会有影响。

同样有可能的是，不管你最终到了哪个平行宇宙，它都会非常像你本来的那个宇宙——你以为你把悲催的生活都抛在脑后了吗？多半没有，甚至可能更糟糕。这就是"无限之有限法则"：如果存在无限多重宇宙，则有无限多宇宙和你的宇宙截然不同……但还有无限多的宇宙和你原本的宇宙相似，不同之处可能仅在于铅笔的尺寸，领带的长度以及其他细节，或者有一些跟你无关的决策，而你正好冲进去影响到了整个宇宙。

你可能在一大堆猪粪里完蛋

这个缺陷要分两部分。

第一部分：原子层面的分解—重组过程必须极其精确。以量子泡沫理论为基础的机器其操作人员在毕业成为无家可归的旅行者之前，会烧毁无数模型弄残无数太空猴子。在某人——通常是个傻子——运动的过程中将其分解，再送到几个宇宙之外，——然后再用机器组合起来——是个非常精细的活。不是所有人都能做到。时空管理事务所的建议是：无论多么紧急的情况，也绝对不要让你的表哥莫夫摆弄原子分解装置。

问问你自己：紧急脑外科手术的时候，我会让莫夫主刀吗？如果答案是"不会"，那也绝不要让他操作原子分解或重组机器。如果答案是"会"，那么要问两次，再问一次，要是答案还是"会"——那至少让莫夫先读一遍说明书。

第二部分：原子层面的分解和重组有一些必然存在的风险。如果少只胳膊，你还是你。如果你的头骨变成了艾德曼合金，你忘了自己的名字，开始无差别四处杀人，你也还是你。即使你除了大脑以外全身被替换成机械零件，在某种

---

[1] 1995 年 FOX 电视台制作的一个科幻剧集，讲几个主角跑到平行宇宙的遭遇。在当年大受欢迎，但是只有一季，9 集。强尼·德普在其中扮演了一个主要角色。译者注。

意义上你依然还是你，只不过成了赛博版，有点像机械战警，他是一位执法人员，在他实际投产之前底特律已经雇用了他数十年。但如果你被分解成原子，再"重新组装"……从传统意义上来说，这就没法证明你还是"你"了。你原先的原子到哪里去了？这些新的原子是组成了新的"你"，还是说它们只算是借来的肢体，就像机械战警，不过是更加基本粒子的层面。如果你还记得重组前的一切，你可能也算还是你自己，但也说不一定。反正，万一配上水冷却器然后被人叫做"重装小子""再生亚当"或者"流浪战警"之类，也别太惊讶。

你究竟要去哪儿？

量子泡沫时间旅行的控制和亚原子有着紧密联系。把它想象成一个隧道：一旦你建成隧道，走向就固定了。你爱出入多少次都可以，但目的地是不变的。所以穿越量子泡沫的过程通常如下：

1. 我究竟要去哪儿？
2. 我究竟在哪儿？
3. 我怎么才能回去？
4. 我真的回去了吗？还是只是好像"回去了"（见鬼）？
5. 无聊死了。我好像又一次去了公元前 2543 年的爱荷华州得梅因市。

于是你的疯狂猜想疾速穿过时空，仿佛时空飞镖朝着不知是熔岩还是葡萄机器人的镖靶飞去，随之而来的是死亡、无聊以及被困在另一个宇宙。

黑洞

如果你列一个"愿意从中穿过"的事物清单——隧道、森林、大商场、中世纪、自我怀疑——"坍塌的恒星"应该不是选项之一。但那正是黑洞的本质——

坍塌的恒星。

恒星红热地燃烧着，是因为它其实是一个巨大的聚变反应堆——通过氢原子聚变产生氦。当一个恒星产生越来越多的重原子，它就会因自身重力而坍塌。构成该恒星的所有物质都会紧密地塌成一团，重力变得非常之大，连光也无法从中逃离。光是银河系里第二快的东西，第一快是你那以相对论为原理的星际飞船时间机器。一些科学家认为黑洞和虫洞有类似之处，甚至很像量子泡中的空隙：因为黑洞极大的重力将时空折叠了，飞入其中再飞出来，黑洞很可能就让你到达另一个时空了。科幻小说多年来一直试图找到能让人类通过黑洞到达另一个维度的方法。

但是，很大程度上，黑洞其实只是花式作死的方式之一。

根据爱因斯坦的理论：正常的重力，如普通行星，已经足以扭曲它周围的空间。所以理论上来说，黑洞级的重力可以在时间和空间里搞出各种怪事 [1]。从黑洞中穿过并到达另一个时空。不光不可能且从无先例，而且也是具有毁灭性的。

优势

空间旅行，依然存在时间旅行的副作用

如同各种超光速旅行设备的发展状况一样，黑洞旅行也是时间旅行中借助工具跨越空间的那种。你只管让其他人造好贵得要死的宇宙飞船，反重力装置还有超光速设备。等这些技术都完善之后，你只需要劫持其中一艘飞船并占领舰桥就行。更糟糕的是，万一你上了一艘太空邮轮，被痛苦地撕裂成分子的机会将极大地增加。

和虫洞类似的好处

黑洞，如果你真能从中穿过，并将所有的理论观点都视为和虫洞一样：如扭曲的空间，拼接式构造和瞬时到达。如果你正在危急关头，正好又张罗不出来虫洞，又不愿意冷冻睡眠碰个运气，那么黑洞倒是一种选择。

---

[1] 见第 1 章，"爱因斯坦和他相对的成功"部分，我们以为你刚刚读过了。

劣势

意面化

意面化，除了你脑子里正在想的那个笑话以外，跟你碗里的意面晚餐没有任何关系。这真的是个科学名词——我们在此提醒你，本书是一本阐述科学的书，其作者，真心的，都是科学家。而意面化，不仅仅是个科学名词，它还是由宇宙无敌第一天才史蒂芬·"他×的"[1]·霍金发明的。

意面化是指在黑洞那种极端重力条件下产生的一种效应。他×的·霍金说，如果你靠近一个黑洞，不同距离上重力的差值会非常之大，如果你的脚先靠近黑洞，你的头将体验到无穷大引力的第一级，而你的脚则被完全卷入全宇宙最强劲的吸力中。你会如字面意义所言的那样意面化：从脚趾开始你会被无限拉长，每个分子都会被撕裂，形成某种湿面条形状逐渐坠入深渊。

此处的潜台词即：你不会希望此事发生。潜台词的潜台词为：赞美一切神圣与伟大，别脚先下去。万一你无论如何也得穿过黑洞，那你需要某种特殊的交通工具好让自己可以靠近黑洞，然后再说怎么穿过去。

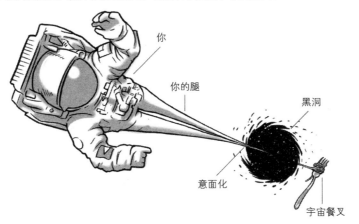

需要某种重力装置，或某种魔法般的，全然不存在的东西

科幻小说[2]的热心读者会发现，时间旅行的科学家正试图通过那啥……通

---

[1]　大家都知道"他×的"中的×是什么意思，但作为正规出版物，我们坚决不提倡说脏话，所以请自行理解这个"他×的"中的×。译者注。
[2]　绝大部分科幻小说都是时间旅行者之间的加密公报。比如说那种故事——一个钻探队登上一颗小行星，试图在该行星内部安装一颗核弹，时间旅行防御指挥官布鲁斯·威利也在其中——对，他是我们的人。时间旅行的秘密顾问史蒂夫·布西米也决定加入这个项目，因为此事过于真实令他害怕，于是他装疯卖傻地把人扔出去。

过科学来解决重力激增的问题。可是对于能杀人的东西，科学家又能怎么办呢？想啥呢，当然是造个机器去阻止谋杀！

具体到黑洞的问题上，你必须抵消所有重力，这样你和你的飞船才不会意面化。我们姑且把这样一个东西称为"重力装置"，意指某种引擎，它可以产生反重力或者重力或者反引力子，或者其他什么玩意儿。你最好向物理学家请教一下[1]。

我们只能胡乱推测一下重力装置长什么样、有什么用、卖多少钱。你用屁股想都知道它会很贵，很大，需要很多能量，因为黑洞绝不会允许你开着你妈妈车库里的四缸老凯美瑞对抗宇宙中最强大的吸力，你光是想想这码事它可能就已经意面化了。

它们很遥远

黑洞不在那些方便的地方，它们也不安装座机。也就是说，为了到达黑洞，还需要一艘超光速飞船，说不定还需要低温冷冻技术，也就是说，把你自己以相对论所述的时间旅行方式送到未来，然后转个身，（有可能）利用黑洞再回到过去。如果该策略确实可行，你到了黑洞那儿之后，在穿过其中时，还得避免变成面条。但黑洞那边很可能什么也没有，甚至根本没有"那一边"。希望这么说让你觉得庆幸。

结论

结论来了。现在你对时间旅行科学有了入门级的理解。但把其中任何一个概念转化为实践都意味着，无论时间旅行还是意外死亡，你都需要一个关键道具：时间机器。

第3章将画出[2]五类基本的时间机器，并为你提供机会选取其中一种，以便应用你在第3章中所学知识。或者不如说，看哪种最酷炫就选它。

---

[1] 出版者注：本书作者过去、现在、未来都不会去任何物理学家处给自己添堵。
[2] 不，只是有些插图。

03

时间机器——建造时间机器，或为了全人类利益最终毁掉它

现在你熟悉了各种时间上重新定位的方法，我们该检查时间旅行前的清单了。

- 拿到时间旅行指南
- 发现时间旅行真实且美好
- 得到时间机器

没错——你已经很接近了。不幸的是，第三步对新手时间旅行者来说是最大的挑战。在买到适合你的时间机器之前，得和油嘴滑舌的时间机器推销员和黑市商贩打交道。而他们甚至不会考虑你和烧棕土有什么区别，后者是一种常见的画材。

虽然先前的章节只是随便提了一下时间机器，但本书作者还是要做个书面说明：如要穿越时间进行旅行，时间机器必不可少。

除先前所述优点外（防止皮肤和头发脱落，达到要求的速度，看起来很帅，虫洞突然关闭时作为保护），没有时间机器就不可能进行时间旅行。

如果你情愿穿着内裤大头朝下摔进黑洞，请自便。如果你想在自己背上绑个通量电容器看自己能否达到 88 英里 / 时，尽管去试。如果你是未来的时间旅行者，在几乎没有超过光速的装置的情况下，想体验一下相对论式的时间旅行有多漫长无聊，赶紧把这本指南送给你的亲朋好友，没准儿他们将来能真正体会到在时间中旅行的乐趣。

机器

虽然无证机械师，有证神经病到处都是，还有塞满莫格沃茨智－人体育馆 [1] 的不稳定实验人员，但从人类安全使用的角度来说，所有的时间机器可以分为如下五类：

- 车型
- 厢型
- 船型
- 封闭循环型
- 传送门型

如果你想要的时间机器不在如上类别内，请务必小心谨慎并准备好厚橡胶连体外套。让自己熟悉各个种类的机器，然后选择适合自己的一款，或者在遇到类似突发状况的时候再看这章作为选择参考。

---

[1] 2143—2210 年间，银河系中最大的户外足球运动场地，可容纳 2000000013 人，加上最后 13 个座位是为了超越土卫六泰坦上的金太阳八世人人乐体育馆。

神经错乱

这条应特别注意，应做脚注 [1]，并加下画线。精神错乱，发狂或者其他类型所谓的"精神时间旅行"，事实上，并不是时间旅行。它们甚至不是真实的，当然这取决于你对"真实"的定义（而为了时间旅行，该定义必须保持宽泛）。

时下坊间流传的时间旅行方法并不会真正实现时间旅行，反而会导致你进入精神卫生公共机构或被逮捕 [2]：

- 昏迷
- 嗑药
- 使劲想着时间旅行
- 含嗑药在内的时间旅行梦境
- 真心希望自己能够进行时间旅行
- 脑内分泌不平衡
- DNA 异常
- 上电视 [3]

重申一次：没有时间机器，就没有时间旅行。其他一切都是虚的，编的，某种悲催教育的副产物，且非常危险，或是以上全部相加。

---

[1] 脚注在此。
[2] 以机械方式进行的时间旅行也无法保证你不进入精神卫生公共机构或被逮捕。
[3] 企业联合组织被认为是某种较为温和的时间旅行手段。

车型时间机器
（加速通过传送门）

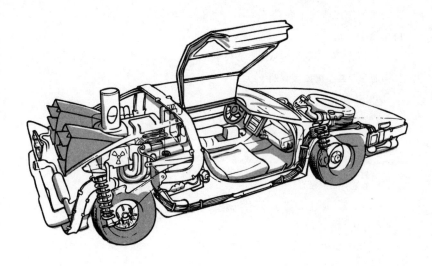

背景： 最可靠最有用的一种时间旅行方式，车型时间机器是时间旅行者的居家旅行必备良品，它起源于 20 世纪末至 21 世纪上半叶。这种时间机器非常实用，因为它们可以作为交通工具，也就是说，它们可以用于标准陆地旅行、逃亡，甚至时运不济时，作为流浪生活的住处。钢制车身可以在跨维度旅行中起到保护作用。后世的车模（即 20 世纪末以后）包含了太多塑料零件，很容易融化，或者万一你撞上个洞穴就碎了。在 2300 年前后发展起来的高级自我修复金属使得车型时间旅行机器再次复兴。埃米特·布朗造出了第一辆可投入使用的时间旅行车，其中用到了他的高度稳定通量电容器技术，但是车内先进舒适的座椅和茶杯架都是 H.G. 威尔斯的无轮开放式 20 世纪初款式。

发明人： 埃米特·布朗博士，H.G. 威尔斯（轻便座椅，稳定模型）

适用的时间旅行方式：虫洞。

适用于：君主制至机器人启示录的任何时代。

不适用于：穿越丛林，渡水，任何没有道路的地方，以及没有化石燃料的时代。

你需要：
- 钢质车身（推荐）
- 通量电容器
- 放射性燃料源
- 放射性燃料源的容器
- 茶杯托架
- 放射性燃料源的安全装置
- 汽油
- 门，横向开
- 雨刷清洗液
- 盒式磁带播放器
- 备胎
- 备用电容器
- 粘狗毛的滚刷
- 按摩型座位套

厢型时间机器
（自带传送门）

背景： 结实的亭子间是一种非常流行的时间旅行机器，尽管它们不那么实用，而且也比车型机器更难建造。制造这样一个亭子间的技术——排除了时速88英里穿过虫洞的限制——要等到2600年才能在地球上实现。一些外星人种族很早前就发明出了此项技术，但不愿分享。厢式时间机器可以协调不同时间段，它们大多使用付费电话，如时间领主这样的种族就更是奢侈，他们的技术可以让内部空间比外观体积更大。但厢式机器缺乏机动性，在非时间层面上和车型机器相比，它们不那么实用，

更容易受损，更容易被敌对势力袭击。然而时间领主这么高水平的外星人种族和27世纪的地球人为什么会把自己的时间机器伪装成早在2002年就过时了的简易房屋，其理由十分不明确，很可能和某些新奇小玩意儿及内部冷笑话有关。

发明人：时间领主，乔治·卡林[1]

适用的时间旅行方式：虫洞。

适用于：有电话亭的时代，冷藏食物，秘密特工——如《绝密飞行》。

不适用于：着陆后去往任何地方，有预算的时间旅行。

你需要：

- 电话亭 / 警亭
- 电话光学器件
- 希格斯玻色子反转暗物质力场引擎
- 时间扩展天线
- 虫洞横断冲击吸收器
- 小酒吧
- 室内绿植
- 天王星金属合成导向再生涂层
- 退币功能
- 音速起子工具套装

---

[1] 专利权战争进行中。

船型时间机器

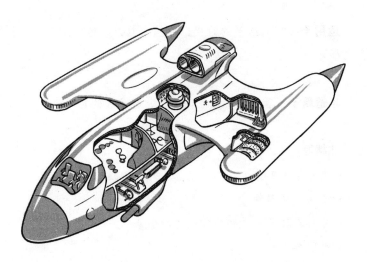

背景：以宇宙飞船进行时间旅行是基于接近光速或超过光速的速度实现的。如相对论中所解释的[1]，你航行的速度越快，就越有可能前往未来——因为飞船内部的人的时间进程比以"普通"速度运动的人（如地球上）更慢。这种旅行方式是单程的。只有能够进入黑洞或能生成虫洞的太空船才能实现，但其目的地无法在时间和空间中精确定位，除非有人预先穿过了同一个黑洞，并活下来跟大家讲了这件事。但这个不太可能。用船型机器进行时间旅行的好处在于，即使你不进行时间旅行，它也还是个宇宙飞船。万一你补给充足，正好又有超酷炫的全息娱乐系统，但是恰好不能在敌对外星人的地盘降落，待在飞船里还真是挺不错的。

---

[1] 这点大家现在应该已经完全理解了。

发明人：季弗兰·寇克瑞恩

适用的时间旅行方式：相对论，黑洞，特殊虫洞。

适用于：太空旅行，去往未来。

不适用于：地方时间旅行，回到过去。

你需要：

- 空间动力学船体
- 超光速驱动器
- 超光速驱动的动力源
- 全尺寸全天候健身房
- 舰桥
- 逃生舱
- 人工重力发生器
- 全息甲板
- 太空鱼雷
- 超级好用且绝无杀意的人工智能系统

封闭循环型

背景： 封闭循环型时间机器利用量子纠缠实现回到过去任意时间点的旅行，在此期间，该机器须（1）存在，（2）被激活。它可以制造出粒子场，也可以让机器内部的基本粒子和它们的对应粒子在初始时间发生纠缠，当人或物体进入机器时，它们就会回到当前时间以前的任何一点，因为机器已经被激活了[1]。所以和其他时间机器不同，封闭循环型时间机器不能带你前往未来，或者任何它尚未建成的时代。也就是说你不可能回到很久以前的过去。即使你回去了，时空中你到达的那一个点也会和你出发时的那个点发生纠缠。这样可以防止你在时间中迷路，回家也更容易，由此你说不定能学到人生中重要的一课。封闭循环型时间机器的外观随意，个中原理则很令人费解[2]。

[1] 为了让你对这个机器的工作原理更加迷糊，参见《初级读本》。推荐发怒或掰断 DVD。
[2] 冷知识：没有人能搞懂量子物理。从来没有。

发明人：坎迪多·贾库茨[1]

适用的时间旅行方式：量子纠缠。

适用于：股市欺诈，处理单次恐怖主义活动，回到当前时间点后学会感恩，在热水和泡沫的冲刷下放松。

不适用于：去往该机器发明之前的遥远过去，去往未来，干燥的旅行。

你需要：

- 热水浴缸
- 泡沫／水温控制
- 漩涡水流
- 减少皮肤摩擦的保护性液态硅油（代替水）
- 安全，长期的存放地点
- 故障清理：生物组织过滤系统
- 茶杯托架

---

[1] 一般认为，他发明的是按摩浴缸。译者注。

传送门型时间机器

背景： 无交通工具的时间旅行在合适的环境下非常有用，让机器留在建造它的时代，而人则为了冒险穿越时间，并发现历史的秘密。机器不一起旅行的原因是，它不是辅助你通过传送门进行旅行，它只是制造出一个传送门供旅行者使用（或者把别人推进去）。这类传送门可以是短期虫洞，也可以是量子泡沫间隙，在通过的时候，旅行者会被缩小／分解，然后被挤压穿过传送门，到了另一端之后，以超前理论恢复大小／重组。传送门型时间机器特别适合用来传送赛博人和士兵前往过去执行暗杀任务，但是万一你把故乡变成了堕落放荡之地，引得你老爸要找你报仇，他们就不太可能回来救你了。显而易见的是，传送门型时间机器也只能进行单程旅行。

发明人：赛博达公司，ITC 公司

适用的时间旅行方式：量子泡沫、虫洞。

适用于：单程回到过去暗杀政要，见证保护项目，时间赌博[1]。

不适用于：回家。

你需要：

- 自我意识机器人技术
- 自体再生空间金属
- 核动力源
- 由人类发明，经机器改进的冷聚变磁暴线圈
- 全息图像发生器
- 自我意识操作员 AI
- 安全永久的建造地点

---

[1] 见第 5 章"时间赌博"。

销毁你的时间机器

现在你到处逛商店准备制造时间机器，但是阻止人类因沉迷物质财富而灭亡才是最重要的。如果你的时间机器引发了某些……情绪，那肯定是不健康的，甚至可以认为是神经错乱。更重要的是，哪怕是把你将要经历的冒险全部算上——以及你将要砸在真皮座椅和酷炫立体声音响上的钱——终究有那么一天，你不得不看着你心爱的时间机器动力源紊乱，然后毁掉它。

时间旅行是很危险的游戏：如棋局一样难以预料，像棋盘格一样变化多端。但是时间旅行棋局中的棋子是真实的，而时间线之间的跳大绳也常常发生。本指南会再三提醒你，危险以及将你完全暴露出来的潜在可能性，全部都源于潜伏在每一个转折点的判断失误。这部分我们将在第 4 至第 6 章进行深入讨论，而且时间旅行没有刷新按钮，玩得不好不会重来一盘。你时间旅行的次数越多，未来某天你就越有可能：

- 把某件事情搞砸
- 在另一个时间点遇到你自己
- 不经意地改变了时间
- 尝试刻意改变时间 [1]
- 谋杀目击证人

但最终，最有可能的是：你时间旅行的次数越多，你就越不会放弃这种神奇而又有科学依据的能力，你想领导人类对抗敌对的外星人，想有朝一日和基督·大忽悠·耶稣握个手。而由于你不愿放弃这种充满科学依据的能力，所以上述状况不可避免地至少会发生一项，而这会引发悖论 [2]，或者抹消一切存在。

---

[1] 但永远不会如你所愿。
[2] 见第 4 章，"潜在悖论带来的复杂状况"。

什么时候销毁你的时间机器全由你自己决定。但是这个选择是不可避免的：抵抗诱惑也好，或者屈服于诱惑也好；阻止他人得到你的时间机器重复你的错误也好，或者把时间机器交给他们也好；在法庭上毁灭一切和本书有关的证据也好，或者把我们都出卖了也好。

选择，正如我们所说，在于你自己。

一种十分流行的弃置时间机器的方式

破坏的方法

有好几种方法可以破坏时间机器。准确地说，你需要尽可能地利用周边环境在短时间内造成巨大破坏。特别重要的一点必须牢记，你绝对不能留下任何证据——即使你留下证据了（这当然是不行的），你的时间机器也必须不能够再使用，且不能够修复。

万一你要是很奢侈地，有很多种备选方法来毁灭你的时间机器，或者你不知道该用哪种技术，时空管理事务所员工列举出一些成功销毁时间机器的方法，罗列如下：

- 从很高的地方把它推下来
- 飞机 > 悬崖 > 大楼
- 剪掉线缆，在线缆上小便 [1]
- 用炸药炸毁它
- 把它开进恒星里
- 把它绑在铁轨上走掉之前一定要目击那场惨烈的火车事故 [2]
- 把它埋在榕树苗下 [3]
- 拆开了一块一块地卖掉
- 用它去撞另一个时间机器　优势：一举两得；劣势：蘑菇云
- 把它丢进火山
- 拿着扳手抽风
- 把它放在恐龙面前，放火威胁恐龙，当恐龙践踏时间机器的时候，你赶紧跑

看，烂金属啦。如果你缺乏睾丸 / 卵子 / 无性繁殖的勇气去销毁你的时间机器，或者不认为这么做是必要的，第 4 章会说明你和你的时间机器将如同宿命一般地走向毁灭一切存在这个结局，而且，如果我们确实尽职尽责了，这还会引起因畏惧而产生的肠胃运动。

---

[1]　可能需要很多小便。
[2]　为什么不看看呢？
[3]　然后你再也没机会咒骂树苗破坏了你的水管。还有一点很重要的需要记住，有 0.003% 的可能性，树苗会长成时间旅行树。

04

潜在悖论带来的复杂状况

悖论
......

时空那断裂的前交叉韧带，那痛苦冰冷而又甜美灼热的，每个时间旅行者的噩梦——万一碾死了某个节肢动物呢？万一把鼻涕喷在某个历史大人物身上了呢？那些看似无足轻重实则重大至极的错误引发的棘手且无可挽回的后果，不仅仅是毁了你的时间旅行假期，同时还会把整个该死的宇宙炸飞。

所以，迄今为止还没有哪个时间旅行者蠢到任由悖论发生。即使本书百无一用，也请务必让它阻止你成为那第一个。

从定义上而言，悖论是一种状态或一种命题，虽然在某种可接受的前提下来看它很有道理，但却会得出莫名其妙的结论，逻辑上不可接受或无法自洽 [1]。

---

[1] 《新新牛津词典》，2043 版。

永久性悖论

该句本身就为假。该句若假即为真，若真即为假。霍默·辛普森的玉米饼难题。上帝能否造出一个烫得他自己也吃不到的玉米饼？先有鸡还是先有蛋？答案是：先有伶盗龙。

但是，和标准思维测试的各种悖论不同，暂时性的悖论非常吓人。它充满了疑问，夸大难题，充满了不必要的气氛和令人尿裤子的恐怖。

在研究暂时性悖论的各种类别，以及因奇闻轶事而引起的愉快谈资之前，我们须要从基础开始，好让你有时间穿个成人纸尿裤。

祖父悖论

最经典的暂时性悖论当属祖父悖论，也被称为谋杀祖父悖论。该悖论是说，一个可以进行时间旅行的二傻子（请允许我们将此人称呼为"你"），你用这种能力回到了你祖父和你祖母，或是和某位西贡小姐，好上之前。

然后，你冷血地杀死了你祖父。除了该谋杀兼弑亲事件所引起或要求心理损伤以外，它还产生了一个悖论。要是在造出你父亲之前你祖父就死了的话，那么你就绝不可能出生并长大，更不可能造出时间机器回到过去，然后去杀你祖父。如此一来，就算你拿餐叉捅了你祖父的脑门，他也不会死。以上各要素都无法纳入计算。

除了一些显而易见的问题（"你究竟为什么那么做？"或者"我能不能直接杀死我老爸就好？"），你肯定会好奇上述情景真的发生的话会怎么样。不幸的是，在你听到答案之前，你还有很多东西要学。就算你特别特别想要向你那中产阶级的童年复仇，所以一定要杀死你爷爷，也请不要采取时间旅行的方式。

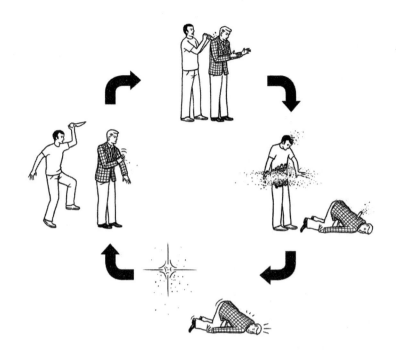

蝴蝶效应

　　另一个经典的暂时性悖论叫做蝴蝶效应。蝴蝶效应通常发生于你回到过去，踩到了幼年的艾什顿·库切的时候。

　　它和祖父悖论类似，但结果却完全不同：由于一些截然不同但同等有效的事件，宇宙不会因死循环而毁灭，我们熟知并热爱的 [1] 这个宇宙将发生无可挽回的变化。详见：

- 瑞恩·高斯林在时间旅行电视剧《这就是 70 年代》中扮演科尔索。
- 《恋恋笔记本》只在西班牙语国家播出。
- 从来都没有过《明星大整蛊》。
- 从来没有人想到过《明星大整蛊》的点子。
- 也许《明星大整蛊》确实存在，但是是由《暮光之城》的男主角罗伯特·帕

---

[1]　下文简称为"该宇宙"。

丁森主持的。

- 《暮光之城》则是由《救命下课铃：新学期》中的达斯汀·戴蒙德来扮演性感苍白的吸血鬼爱德华。

- 不那么自爱的女孩子也很不主动。

- 《暮光之城》很不成功，根本没有续集。

- 谁也不知道贝拉后来怎么样了。

- 最后一条：你可以娶黛咪·摩尔，如果你在笼斗中打败了布鲁斯·威利的话。

好吧，听起来也不太糟糕。

如果在《这就是70年代》之前就把艾什顿·库切踢走，换成跟库切毫无关系的人会怎么样？迪拜可能根本不存在，《美国偶像》说不定是体育节目，也可能你本人成了加里·科尔曼，虽然不是侏儒，但确实在2010年去世。悖论。

更大范围地说，蝴蝶效应理论是说，如果你回到史前时代，不小心踩死一只蝴蝶（举例而已），这个看似无足轻重的事件在世界范围内引起一连串的多米诺骨牌似的连锁反应，从而让世界变成笨手笨脚的时间旅行者完全认不出来的样子。

蝴蝶效应对宇宙的损害程度直接由你回溯时间的长短决定[1]。比方说你回到昨天踩到狗屎，然后再回到现在，事情不会有什么变化，顶多就是你得买双新运动鞋。但是假如我们回到很久以前化学汤才刚刚形成的时候，你到了那儿，坐在盘古大陆海岸边的古老长凳上，这时候有史以来第一只长腿的古怪鱼类刚爬上岸来。如果你一脚把这个蛤蟆形的怪物踢回它老家，那你很可能改变了此后无穷无尽的全部事件，而且很可能抹消了人类的存在。顶多，我们能进化成人鱼就不错了[2]。

所以有充分理由认为，你返回的时代越是古老，就应该越发小心。

---

[1] 该规律同样适用于前往未来的旅行。你往前旅行得越久，当前事件或行为的影响范围就越大。
[2] 有价值的脚注：时间旅行证明了进化论。我们是这么认为的。

四个悖论

到现在为止，你可能还不需要穿个成人纸尿裤。正如你所见，通过谨慎、不杀生、节制饮酒[1]等方式可以避开绝大部分悖论。

但先不忙把你的搅屎棍收起来。不幸的是，破坏时间线的方法比艾什顿·库切给你演示的多多了。我们非常小心地将悖论分为四大类，其欺骗性和危险性从低到高排列如下：

1. 作为引起的悖论
2. 不作为引起的悖论
3. 注定的悖论
4. 因有关悖论信息不足而引起的悖论

本章剩下的部分想详细描述以上每一种悖论，且猜测的成分多于科学，也许——如果有时间的话——还可以谈谈万一引起了悖论如何避免毁灭时空。

作为引起的悖论

最基本的悖论类型，引起的宇宙灭亡方式包括：蝴蝶效应和祖父悖论。两者都包括回到过去，做一点事情（最好是意外[2]）改变了时间线，害死了所有人。

既然我们是在说作为引起的悖论，就不提小心谨慎之类了。这里说的小心谨慎既包括对改变过去的小心，也包括对滚床单的谨慎。

第1章里已经说过，规避作为引起的悖论的最好办法就是不要去往过去。如果你已经到了过去，那么第二好的办法就是别去你自己的过去[3]。如果你已

---

[1]　一旦你喝多了，杀死亲爷爷，对未成年人艾什顿·库切穷追不舍就都不是个事儿了。
[2]　为你好。
[3]　如果你在一条已经被时间旅行更改过的时间线上，那么要小心不要造成"不作为引起的悖论"。见下文。

经在你自己的过去，或者命中注定不得不去自己的过去，或者参加了真心话大冒险，千万，在任何情况下，都不要和祖先或任何家庭成员恋爱[1]。

如果说马蒂·麦克弗莱教给了我们什么教训——事实上他教给我们很多东西，远不止救生用品的种类——那就是，你的妈妈也曾经一度非常美丽。如果那时候的你妈妈，在恶心的、黏糊的、俄狄浦斯的、弗洛伊德的情况下遇到你，她说不定会觉得你可以当"孩子他爸"。科学地说，这只是你母亲的母性本能在无意识的情况下认出了自己的基因。但作为一个满脑子恋爱的青少年，她看不出其中的区别。

在电影《回到未来》，麦克弗莱第一次引发的悖论危机，他在过去停留得越久，就越是要努力避免和满脑荷尔蒙的妈妈发生关系。而他越是有可能取代他父亲，就越是可能改变未来。

当时麦克弗莱的危机测量表是一张照片，凑巧从他父母那里拿到的，你肯定没有。随着他的家族历史的改变，他的哥哥姐姐甚至他自己都渐渐从照片上消失。毫无疑问这是电影所表达的一个致命缺陷：真正的时空灾难极为迅速且暴力，远胜于随随便便擦掉一张宝丽来相片，它的构造从来不会有丝毫动摇。它的重要性无可比拟（作者写这一句也是写到吐），你根本不可能去玩什么亲子邂逅、恋爱、滚床单。

错误

正确

[1] 你以为你是谁？得了诺贝尔奖的理论物理学家吗？

换而言之：如果你试图以任何形式阻碍你父母见面，或是以交换体液的方式破坏他们之间的关系，你将在一瞬间消失，且相应地，宇宙也会爆炸[1]。再说了，也很恶心。

但是不要怕。或者说，千万要害怕——但也要抱有希望。在小马蒂这件事情上，还是有很小的机会，有回转的空间。麦克弗莱试图修正所有事件的努力被他本人正在过去一事所影响，以至于并没有真正"修复"时间线——他生命中的各个事件以及受到影响的生活并没有按照原本的时间线发展——不过麦克弗莱还是完成了最重要的部分。这叫做"马蒂·麦克弗莱的差不多定理"。他甚至非常幸运地让一些事情变好了（你当然不行），比如他父亲，变得很有男人味。而他父亲的敌人只能给他父亲洗车[2]。

所以要是你扰乱了过去——不管是杀死了祖先还是踩死了远古虫子，或者没戴套就和你妈妈滚床单——你都要自己修正过来。你必须自己想办法修复。或者至少要尽量修复得八九不离十。只需要干一点体力活，加点好运气，再找个悬浮滑板就够了。你可能还需要一个疯狂科学家，查克·贝里[3]，还有一只牧羊犬，以及一件无袖上衣／背心。这样就能应付一切突发事件了。

不作为引起的悖论

第二种悖论更加诡异。当你的时间线已经被时间旅行者影响了时它才开始发挥影响，而你自己的时间旅行则很有必要重建那些曾经在你的过去发生过的事件。

比如说：你六岁的时候办过一个生日派对。你父母请了小丑波波来助兴：魔术、脸上画油彩、气球猴子等等乱七八糟的事情。在去往派对的路上，你朋友的父母突然从广播里听到小丑波波是个危险的恋童癖，而且正因为本地一个

---

[1] 见本章"祖父悖论"章节。
[2] 被剪片段：男人味。
[3] 还记得《回到未来》第一部中马蒂在舞会上唱的那首歌吗？那就是摇滚乐祖师爷查克·贝里所做的世界上第一首摇滚乐 *Johnny Be Good*。译者注。

玩具反斗城的链锯抢劫案而被通缉。

当孩子们自己躲在你妈妈的衣柜里，轮流用她的衬衣擦鼻涕眼泪时，你爸爸正拼死一搏试图抓住波波取消演出。

但不知怎么的，波波没有出现。每个人都大松了一口气，你的客人们拿着忍者神龟的小笛子和条纹纸包起来的小蛋糕回家了，你希望这些告别礼物能够补偿他们突然受到的惊吓。你人生中第三糟糕的生日就是这样过的。

事实上，小丑波波在去往你家的路上被困在一辆退役的公交车上，结果慌乱中自己被自己的链锯切成两半。这个幸运的巧合挽救了你的六岁生日以及你和你父母的性命。

……真的是这样吗？

你长大之后身强体壮，成了某指南的读者，有一天你发现自己穿越时空来到了自己六岁生日那天。你买了一副小号手牌的背带以适应环境，玩具反斗城正要收你的钱的时候，被一个手拿链锯极度危险的疯狂小丑劫持了。

这时候你意识到：你必须消灭小丑波波。如果你置之不理，不可能有其他人在公交车上偶遇小丑，波波会出现在你的生日派对上，杀了你父母，让你吃了他们，而且还让你的朋友围观。现在你毫无疑问和悖论点连接上了：如果你在六岁时被杀，你不可能长大，也不可能变得身强体壮，成为某指南的读者，也绝不可能进行时间旅行，更不可能阻止那个天杀的邪恶小丑。

这一次你很幸运。你很聪明地意识到波波必须死在你自己手中，而正好，你一直想偷辆公交车玩。不过你也是在那个小丑踩到你的大脚指头之后才认出他来。要知道时空管理事务所时间旅行训练电影《即视感》中的丹泽尔·华盛顿，他不断攻击自己的时间线，你也不可能一直如此幸运。

比尔和特德的时间旅行完美法则

威廉·S.普莱斯顿，一位绅士，和西奥多·罗根，又名特德，是两个酷爱短夹克的少年，他们来自加利福尼亚圣迪马斯高中[1]。他们的时间旅行壮举常

---

[1] 即使在未来，圣迪马斯高中的足球也是第一。

常被加利福尼亚近郊的政治家在少年时代的时空大冒险比下去，也就是马丁，又名马蒂·麦克弗莱。他们那较为低调的电话亭式时间机器[1] 消除了一些重大悖论，也引领了未来的电话亭时间旅行风潮[2]。

据说，比尔和特德有些莫名其妙令人厌烦的愚蠢。但他们都是很有正义感的年轻人。如果他们逮着一大群历史要人外加薇诺娜·瑞德一起来做高中历史作业，而没有毁灭一切，那么在历史中鬼混倒也是可以的（由归纳法得出的结论）。

不过比尔和特德在脑力方面的欠缺由他们对因果的深刻理解弥补了。如果我抽了一支绊根草的烟（因），于是我就会被烤焦（果）。如果我这次历史考试不及格（因），我就会被我那要命的老爸送到军事管理学校去了（果）。如果我接了这个角色（因），就会拿到《惊爆点》的主角，成就一次电影上的巨大成功（果）。

在他们冒险的早期，去往过去之前，略微未来一点的比尔和特德拜访过他们自己。未来版的二人给当前的比尔和特德提出一点儿有关公主的小小建议。其中夹杂着大量异口同声的"哥们儿""大体上"，和其他被认定为差劲的英语不同，他们的语言在表面上呈现出标准的时间旅行特征。但是在当前的比尔和特德开始了他们前往过去的旅行后，他们也发生了同样的变化，经常说"哥们儿"和"大体上"。并且也给身在略微过去的自己提供了一点儿有关公主的小建议。也就是从那时起，他们的聪明才智如同镶嵌了宝石的芬德 Stratocaster[3] 一样开始闪光：这个时间旅行二人组必须严格完成同一次交流，并对过去的自己提出同一个建议。

他们提前知道将与过去的自己见面，所以这给了二人组一个危险的机会让他们偏离原本交流的内容。如果他们偏离了原本的内容，就可能导致与自己的会面变得完全不同，或者根本见不了面。但是既然比尔和特德在过去经历了这件事——这就说明在他们的未来会面依然会发生——任何偏离都意味着以超重

---

[1] 有一个电话亭式时间机器，见第 3 章"时间机器——建造时间机器，或为了全人类利益最终毁掉它"。
[2] 神秘博士的那种大如冰箱。
[3] 国际知名吉他品牌 Fender（芬德）的 Stratocaster 型号，没有官方的中文品牌名——写给不弹吉他也不那么关心摇滚乐的读者。

量级的悖论撕裂时空。

这就是比尔和特德的时间旅行完美法则第一部分：如果你在时间旅行时得知了未来的你的行动，尤其是会影响你自己的过去的那些行动，你必须精确执行那些行动。

有时候那些行动很容易执行，因为它们已经呈现在时间线里，有一些你自由意志之外的典型作用力[1]会要求那些行动发生。但是你知道自己将要做什么这一事实绝不能对你的整个过程造成偏离影响。

于是，比尔和特德怀着无比的正义踏上了通往未来的第一步。他们意识到，如果要完成未来的自己做过的事情，那么现在的自己也可以做一些事情去影响（甚至帮助）未来的自己。

他们在帮助被关在圣迪斯市牢房里的历史人物超级好友逃跑的时候（其中有比利、基德、亚伯拉罕·林肯）意识到自己需要牢房钥匙。而且还需要小心点。

于是他们在当下达成一致意见——回到过去——从未来回去——去偷走特德爸爸的牢房钥匙[2]，并把它们藏在警察局前面的招牌背后。

突然，刹那间，奇迹般地，钥匙就出现在那里了——就在他们商定的那个招牌后面。比尔和特德只需要记住，他们互相提醒道，等这次意义非凡的历史考试结束后要回到过去，把特德爸爸的钥匙偷出来放在那个招牌后面，否则钥匙就不会出现在那里。当然了，钥匙会在那里。如果他们忘了，或者遭到阻止无法从未来回到过去，那么钥匙就不可能出现在招牌后面，我们就得面对另一个悖论了。

这就是比尔和特德的时间旅行完美法则第二部分：如果你有充分的理由去进行时间旅行，并和当前的你达成一致，从未来穿越到你的过去，这趟旅行的影响会立即显现出来。

当然，如果你达成了这样的共识，然而却没有任何事情发生，事情可能就不妙了，你未来的时间旅行可能非常艰难（比如：在最近的未来发生了恐怖的

---

[1]　物理学上叫做"弱相互作用力"。
[2]　这个钥匙当然是特德爸爸每天晚上都要带回家的。

事情，极有可能是死亡）。为确保安全，你可以尝试躲在暗处，或者趁着还能选择一种死法的时候自我了断。

可预见的悖论

到现在为止，我们基本解决了回到过去产生的反响。但是未来呢？去往未来的旅行会不会以几乎无法计算的方式毁了你和他人的生活？

美国财政部长亚历山大·汉密尔顿会告诉你：会的。至少，他会告诉你他被政敌阿龙·伯尔击中腹部之前的部分。大家都知道，汉密尔顿是我们祖国的伟大 [1] 国父之一，他同时也是时间旅行的好兄弟。

尽管汉密尔顿过着非同寻常的一生，他在三个截然不同的领域 [2] 当了三次先驱，但他竟然死于决斗却令人始料未及。的确是汉密尔顿本人使得他自己死于枪伤，这就是预见到命运却不仔细理解的下场。

亚历山大的熊肘汉密尔顿和可预见的动荡

2033 年，一项时间旅行测试和历史勘查任务开始了。任务派出被测试对象，一个实验室实习生，去往美利坚合众国建立之初。时间机器带着那个实习生回来时，全身湿透的大二学生里奇摇摇晃晃地从门里出来，全身青一块紫一块，接着他就倒在地上全身发抖。片刻后，本国伟大的创始人之一，酩酊大醉光着膀子的亚历山大·汉密尔顿也出来了。

虽然里奇不肯解释当时的状况，甚至不敢看汉密尔顿的眼睛，但看起来似乎是在一次酒后斗殴中，汉密尔顿偶然登上了时间机器，他本来只是在某个饮酒过度的夜里，从费城的酒吧出来去小巷子里方便一下。结果他在巷子里发现那个戴眼镜的实习生，据汉密尔顿描述，他正盯着自己那话儿看，于是自己揍了他一顿。倒霉的里奇满身血和尿，惊恐之中他返回时间机器准备回到正确的

---

[1] 但不如 2088 年选举的"没内裤总统"有名。
[2] 冷知识：技术上来说，他是第一个冠军投球手。

时代，谁知把汉密尔顿也带上了。

有趣的是，科学家虽然认出了汉密尔顿，但是只有里奇意识到了他作为历史人物的真正重要性。在原本没有里奇的时间线里，汉密尔顿在醉酒之后又继续为美国历史做出重要贡献，但由于他进入了时间机器，于是他实际上等于从那一刻起就在历史上彻底消失了。宇宙则立即进行了校正，看起来是这样的：实验室操作人员以及所有里奇那个时代的人只知道汉密尔顿在消失时间点之前的功绩。只有里奇——原本时间线里残存的唯一一人——知道有关他这位乘客的真相。

历史变得令人疑惑，而后续试验显然是必需的，简简单单把汉密尔顿送回他本来的时间线肯定不行。

令无名的试验人员们[1]惊讶的是，洗完热水澡，剪掉狗毛之后，汉密尔顿看起来很适应现代。作为一个来自没有好市多超市[2]、没有空调、没有人字拖时代的文化人，汉密尔顿对这个世界的一切细节着迷不已。

于是汉密尔顿成了第一个时间旅行狂热粉丝，并自愿参与了一些危险实验。他的热情是始料未及且相当罕见的。曾有一段时间专家和历史学家把"有勇无谋""寻死""人类招你惹你了"等行为统称为几内亚猪圈，汉密尔顿则勇往直前。在其他工作中，他主要参与数据收集，总结多个时代，帮助将厕所改建为时间机器[3]。

但他的热情依然在政治上。他的业余时间总是看 FOX、CSPAN、CNN 等电视台的新闻，并且常

---

[1] 应该不是我们。
[2] 好市多（Costco）是美国最大的连锁会员制仓储量贩店。
[3] 见第 3 章 "时间机器——建造时间机器，或为了全人类利益最终毁掉它"。

常对着电视大喊大叫，仿佛是参加某个小城的市政厅辩论。汉密尔顿之所以生气不光是因为他创立的政党不存在了，更因为当代政治已经被第二修正案完全曲解了。

在调和近三百年的美国政治历史的同时，汉密尔顿最终和实习生里奇成了朋友，通过他，汉密尔顿得知自己在原本的时间线里过着长寿而充实的一生。汉密尔顿协助建立了当代民主体系，并在十八世纪维持了绅士秩序[1]。他还得知，自己活到了73岁高龄，死于波士顿的一家海鲜餐厅，被一大块虾噎死的。

从里奇处得知的历史知识其实是汉密尔顿一直以来就知道的：他总有一天要回到自己的时间，完成自己对祖国的义务。于是，当科学家和里奇——里奇现在已经成了他的密友兼保龄球队友——收集了足够的时间资料，并赢得奥克兰山谷保龄球联盟大赛之后[2]，汉密尔顿爬进厕所时间机器和未来告别。

他此后的一生就和你在历史书里所知道的一样：投身于政治，做一个负责任的丈夫[3]；基本上和他离开之前没什么两样。但除了对甲壳类动物的全新理解之外，汉密尔顿还有一个巨大的变化：他变得无所畏惧，勇于冒险，甚至不惜涉险。他作为时间旅行者时见识并经历过了各种愚蠢的、匪夷所思的、激动人心的事物，如今任何事情都不及让他知道自己死亡的细节更有意思了。汉密尔顿坚信自己是不可战胜的，因为他知道自己将在什么时间如何死去。

在他回到十八世纪到他去世之间的这段时间，汉密尔顿吃过生肉，骑过裸背[4]，自愿帮富兰克林放风筝，不戴假发就出现在公众面前，跟阴险的印第安部落做朋友，养他不知道来历的狗，并向阿龙·伯尔提出决斗。而且不是随随便便一场决斗，作为决斗地点的那座桥正是两年前他儿子在一场争执中被另外两位绅士杀死的地方。

汉密尔顿坚信自己将在决斗中获胜。毕竟他知道自己将如何死去——多年后，在波士顿餐馆，被一块该死的虾噎死。所以没有任何理由不捍卫自己的政治荣誉，尤其是当他能杀死政敌的时候。

---

[1] 他冲很多人扔过手套。
[2] 在汉密尔顿离开后，这支队伍陷入骚乱——不单是因为没有人能在280年之后好好投球。
[3] 伴随着他耀眼的政治生涯，敲诈随之而来，毁坏了他的声誉。这也是汉密尔顿未能预见到的。
[4] 是马的背。

不幸的是，汉密尔顿使用多年的那把枪———一把霰弹枪 [1]———不能在绅士竞赛中使用。他不得不用一把适应时代的粗制滥造燧发枪。他站定，开枪，打偏了——太恐怖了。那一枪打中了伯尔头上很远处的一根树枝，使得对手有机会仔细瞄准。汉密尔顿左边臀部上方被击中。那颗子弹打碎了两根肋骨，穿过他的内脏。汉密尔顿慢慢地流尽了血液，临死前他诅咒着命运。

汉密尔顿得知了自己的死亡，此事影响了他的判断力，并改变了历史。所有时间旅行者都应该吸取时间旅行先驱者亚历山大·汉密尔顿的教训：过多了解自己的命运将会使你的命运不再是你的命运，命运将会变成一个全新的命运来捉弄你。

注意

和前往过去的旅行不同，你永远不可能返回未来看自己的时间线是不是被改过。宇宙依然完好无损，你平凡人生的每个细节也一应俱全。但有一件事肯定变了：你。并不是哲学意义上的改变，法国南部的夏天那什么的。也不是生理意义上的改变，跟老女人交往（或老男人或高等智慧猿类）。那种改变是暗中发生的，真正重要的，精神上的。

未来包含着无数令人惊讶且无法预测的可能性。人类能不能获得和平，能不能解决粮食问题？在日本被电子宠物统治之前，他们可以生产多少台游戏机？我们为了娱乐对忍者神龟进行了基因改造，他们会不会生气？他们住在纽约下水道里打击邪恶忍者，他们住得舒服吗？迪克·切尼的心脏终于放弃了吗？所有的重要问题我们基本上都放在本书的生存指南章节。虽然我们知道我们这个卑微种族的未来将会有什么，但细枝末节的问题却很难确定 [2]。

关于未来最有趣的可能性就是关于你本人的，你的自恋情绪流口水已经流了足足三页纸了。你真正关心的问题是：我有钱吗？我有几个孩子？我死的时候我的尸体会被送入太空还是变成肥料？具体来说，我有多少钱？为了能娶好

---

[1] 见"生存指南：普遍适用法则及建议：你可以携带的东西，悬挂杆"。
[2] 见《帝国反击战》尤达大师："无法看透。持续变化，这就是未来。"

几个看上我的钱的超模，我会不会改信一夫多妻制的宗教？

答案就在那里，勇敢的旅行者。都在注定的悖论中。

知道了未来将会发生的事情是由你目前的行动来决定的，那么不管你有没有坚强的意志，你未来的行为都会受到影响——假定你设法回到了现在的话 [1]。如果你知道未来的自己特别有钱，那就得抓住每一个挣钱的机会。但即使这个决定，从你的角度来看似乎没有任何变化的决定，也改变了不知道将会变富的你自己的决定——反过来，这些改变之后的决定会妨碍你挣大钱。如果你发现自己在未来死了，而且是悲惨地死于曼联队输球后的闹剧中，甚至没被计入死亡名单，尸体在冒着卷心菜味儿的臭水沟里腐烂了，那么回到你原本的时间后，你就要尽可能避免该种命运。但是——再说一次——基于你对未来的认知而产生的改变（参见汉密尔顿先生的例子），会导致更悲惨的死亡。

所以你看，这种悖论虽不会导致宇宙爆炸，但会煽动你薄弱的意志力，让你做些马后炮的事情。过去已然发生，所以我们比较容易测算其中的改变，当下的感受则使得未来持续不确定。你对即将发生之事的认知是即将发生之事的一部分。也许你所见的未来正是它成为未来的原因。事实上：相信未来。或不相信未来。二选一即可。

要怎么做呢？第一种办法非常简单。在去往过去的旅行中，和过去的自己互动，参与和过去的自己有关的事情都应该极力避免，所以也不要去你自己的未来。潜在危害过于巨大，我们也不希望你还没结婚没烫发就先后悔了。

如果这段注意事项对你来说太长了，或者你不看看自己的命运就真是搞不懂去往未来的时间旅行关键问题在哪儿，那就忘了这部分吧。用砖头把你自己敲晕，滚下几级台阶，或者让一个有执照的催眠专家 [2] 对你进行催眠，让你相信这一切都是个梦。但是千万不要想你可以看到你自己的未来，好好活下去，就像这些图文从未在你脑海中久久灼烧一样。

你是你自己在时间旅行中最大的敌人 [3]。

---

[1] 见生存指南"机器人"部分，及生存指南"太空航行"部分。
[2] 时空管理事务所不提供任何催眠及催眠相关产品。
[3] 比心怀不轨的时间旅行者更甚。见第 6 章：最坏的封闭时间时空场景。

因有关悖论信息不足而引起的悖论

我们之前说了，时间被打乱的威胁始终存在，任何在过去（未来）的行动都可能导致悖论。这当然太烦了。

但每个人都知道，悖论其实只是一种理论上的后果，比如踩死了不该踩的虫子，踢了不该踢的狗，拯救了不该救的世界。可是毕竟，人类走着时间的钢丝，在多重宇宙的雷区跳舞已经有 X^{100}[1] 年了，而我们还没被炸飞不是吗？我们还在吃冰激凌，氢原子依然和氧原子绑在一起，仍然有僵尸电影，我们对被驯化的动物及部分老虎充满了自我膨胀的优越感。

本指南作者很不想承认，但有关悖论的信息真是少之又少。无数的时间旅行者可能遭遇悖论、修复悖论或成了悖论的牺牲品——但我们全然不知道。这很可能是因为许许多多的时间旅行者带着他们史诗级的失败庄严宏伟地进入了故纸堆。

想想传奇的时间旅行者约翰·康纳留下的传奇。开始于 1980 年早期，康纳及其亲属是时间旅行者们的争议话题。但那些见面的信息以及他们对时间和宇宙造成的影响我们还是只知道大概。

康纳家族一直被两个时间旅行者们折磨着：其中一个毫无疑问是某种赛伯格人类送回来消灭康纳的，因为他未来将会成为人类与机器人大战中的人类反抗军领袖。另一个则是保护者，由未来的康纳送去保护他自己。

这两个时间旅行者第一次出现的时候，他们对付的是康纳的母亲莎拉。赛伯格没能杀死莎拉，也没能阻止约翰·康纳出生。而那位保护者，一个人类，在"保护"莎拉的过程中爱上了她，然后经过比一波三折更疯狂更一波三折之后，他成了约翰·康纳的父亲。

不幸的是，好莱坞的剧本把约翰·康纳的故事扭曲得面目全非。首先，来自未来的保护者凯尔·里斯最终成了约翰·康纳的父亲，这就是最重要的一个

---

[1] 用你出生的年份，乘以 15，除以 -1，减去 2177，然后就得出根本不可能进行时间旅行的大致时间，你可以无限期地前往任何你想去的时间，所以我们只能说，X 也就是一小会儿。

悖论。想想看：约翰·康纳派了一个人回到过去，结果最终那人成了他爸爸。未来比过去先发生了。

这和人类物理概念中"因果关系"那一套完全不符合。有因才有果，先过去后未来，过去促成未来。总之不能反着来。

但这事情变得更奇怪了：1992 年，另外两个时间旅行者出现，破坏了约翰·康纳的少年生活。坏的那位时间旅行者又一次失败没能杀掉约翰·康纳。而来自未来的保护者确确实实帮助康纳和莎拉毁掉了可能使机器人崛起的公司和技术。

那么，一个来自未来的旅行者，他也是一个机器人，他帮忙毁掉了未来的机器人。由于他们全部被毁，未来就不该有任何机器人，也就没有机器人保护者。也就是说，扩展一下，不会有机器人战争，因此未来的约翰·康纳也没有任何理由要送一个人回到过去去勾搭他妈妈并生下约翰。没有了机器人，约翰就不可能存在，那也就意味着，没有人去摧毁机器人公司，没有人去阻止机器人大战 [1]。

本质上来说：由于疯狂机器人，整个宇宙都会被黑洞吸进去 [2]。

但我们还好好的。更糟糕的是，时间旅行联盟根本不确定这条消息哪里不实。我们知道它催生出了一部伟大的电影，但是在写剧本的大潮中 [3]，每个人都忘了写下原本的故事。现在所有人都只记得阿诺·施瓦辛格在电影里超级酷炫，为了能够真正毁灭加州，大家只好选他当机器人州长。

自由还会持续吗，每一个选择都是注定的吗？悖论会抹去一切存在吗？它会不会自我修复？那么被改变的时间线衍生的多元分支宇宙该怎么办？

有志愿者想去寻找答案，看看我们的宇宙是否瞬间消失 [4]。

---

[1]　我们让一个实习生把这个过程画在一整面墙那么大的白板上，看着白板理清头绪。结果他癫痫发作。倒也不算意外。

[2]　自 2001 年鲁姆巴问世之后，机器人就再没干过什么好事，鲁姆巴是个扫地机器人，不会撞上屋子里的任何东西。那是个绝好的机器人。

[3]　有一大堆时间旅行者不断回到剧本卖掉之前的几分钟好替换别人的剧本。发生了几起故障，有数人死亡。最终一个名叫詹姆斯·卡梅隆的家伙赢得了时间旅行议会的"大通时终结者剧本竞赛"，第 2244 场。

[4]　想尝试促成宇宙爆炸的志愿者名单：里奇，时空管理事务所实习生（大学二年级学生）。

我们为何依然存在的科学假说

　　独具慧眼的读者可能已经想到了不少问题，其实这个部分我们全都是在说我们真的也不知道为什么我们依然存在。好吧，时间旅行科学可能会提供答案：各种猜测、传闻、道听途说、推测、胡说八道以及没有时间旅行科学支撑理论。

　　有很多蠢货在时间里跳来跳去随时可能把事情搞砸，你可能会想，我们已经历了不少难关。毕竟，任何笨蛋，只要付 15 美元就能学会时间旅行（他 / 她必须生活在 2013 年之后，并受过一些理论教育，不怎么赞同严肃的生活，这样才能尽情享受）。

　　以下理论试图通过各种可能性解释我们为什么没有因为悖论而被湮没。

宇宙会阻止你毁灭当前宇宙定理

　　该学说不太流行[1]却很简单：时间会自己照顾自己。你高兴制造悖论就只管去吧，但时间知道它在干什么，而且时间比你聪明，因为它自自己之初就已经存在了，那可是你出生之前很久很久很久，小兔崽子。

　　回忆一下祖父悖论。该悖论步骤很简单——回到过去，杀死祖父。

　　但实际实施这个悖论比描述该场景要复杂得多。

　　比如，想想跟踪并杀死祖父的整个流程吧。一点儿也不简单。首先，他看起来可能和时间旅行者在时间旅行生涯中所知道的样子完全不同。你仅仅是知道某人生活在某时代并不等于你就知道能在哪里找到他。

　　好吧，不抬杠，就算这个时间旅行者努力找到了他 / 她祖父的住处，认出了他，并找到机会实施谋杀。在这个节骨眼上也可能发生很多意外。再说，宇宙定理表示他们肯定要失败。

　　就算时间旅行者拿着枪瞄准了自己的祖父。定理表示中途一定有意外事件打断。时间旅行者可能会发现自己过于激动无法扣下扳机。枪可能打偏或者哑

---

[1]　不流行的原因是它把所有史诗级的末日传说都排除掉了，这真是极大地减少了时间旅行中的危险、惊喜和禁忌的兴奋感。

火。祖父可能会逃走，或者受伤后依然幸存。说不定理查·艾尔帕就出来施以魔法之援手了。

在最最不好的波折中 [1]，宇宙可能会紧张起来，通过往那个制造悖论的旅行者头上扔钢琴的方式给他／她一个大耳光，让那把枪在旅行者手中爆炸，或者给他／她一个大塞子。总之有无穷无尽的可能性，总之这个定理就是说，如果你想捣乱，时间不会允许。

弹力修身时间裤腰带

和宇宙会阻止你毁灭当前宇宙定理类似，这一个理论是说时空会瞬时且全面地适应一切变化，而你根本感觉不到。

有些人很清楚感恩节大餐的时候得穿宽松裤子，同理，该理论中宇宙也能够适应时间线上的各种变化。当一个时间旅行者改变某些事物，相应的变化就会在各时间各地点发生，不分先后顺序。

再次以祖父悖论为例。假如一个时间旅行者杀死了自己的祖父——这位祖父就死了，时间旅行者也不会出生。该事件的影响通过时间线不断扩散，彻底抹消该时间旅行者，或者说，抹消他的整个家族。一切他存在的痕迹、记忆、原子都从宇宙中彻底消失。时间的弹力裤腰带会以这种方式扩展或扭曲以吸收所有的悖论。

该理论确信悖论有足够的活动空间，且不会产生什么后续影响。这意味着你可以去谋杀几百个祖父——对时间而言无关痒痛。宇宙就成了一场杀害老人的盛会，而且它会一直和你以及你的因果关系无关。

某种程度上来说，这很合理：毕竟单单一个傻瓜不可能毁灭宇宙。另一方面来说，这是对"泛人类万物概念"的一个极其宽泛的解释。它基本上表明因果律法则牢不可破，因为啦啦啦啦你听不到啦啦啦啦你没在听啦啦啦啦。

---

[1] 虽然对我们来说不是不好——要是你打算毁灭一切的话还是滚一边凉快去。那一切可是包括我们以及我们（还有你）的钱来着。

大部分物理学家认为，宇宙的成熟水平大约等于四岁，所以修身弹力裤腰带理论基本可以无视。

时间，第2部：报仇

所有好东西都需要续集。就时间旅行来说，这就是时间线续集理论[1]，把时间表现为是在单向移动，比如从左到右。时间旅行者在过去产生的干扰——任何干扰，包括闯入不该干扰的人的时间线——制造出新的或分支的时间线。

这样想：想想你从2000年回到1990年。在1990年，你建议你妈妈在今后十年里多买谷歌的股票，因为它在今后五十年内都将大涨，直到机器人统治者使用大量信息存储技术和谷歌地球卫星来定位并奴役全人类为止。

你妈妈买了谷歌股票，赚了钱。在原本的时间线里，且称之为"时间线A"，妈妈很穷。而在新时间线里（"时间线B"），由于你，时间旅行者X的干预，妈妈变得很有钱。

在续集理论中，时间线A上的每一件事在受到时间旅行者X在1990年和妈妈进行干预之后，就变得和你记忆中大为不同，即使只有一点点不同[2]——时间线B就此形成了。为了避免悖论，时间线B是时间线A的续集——A造就了B，但1990年后的A不是B的一部分。

很多时间旅行者都去了过去，就像基于第一部《洛基》电影衍生出新版本的《洛基》。一旦你看了洛基和Mr.T打斗，就不可能不取消此事：你永远不可能回到时间线A。时间线A消失了——你杀了它。现在你被困在时间线B里，甚至——有可能——被困在可怕的时间线Q里[3]。

---

[1] 又名"更作死假说"。
[2] 比如，如果你踩到一只蚂蚁，时间线B就会因为蚂蚁减少了而不同，本质上它就不是时间线A了。时间线A的蚂蚁比时间线B的蚂蚁多。
[3] Q代表"奇奇怪怪的"。

巴尔基致你的宇宙表亲拉瑞的多重宇宙理论

电视剧《完美陌生人》和本理论关系不大，但是它举了一个很好的例子，我们绝不会错过谈论 80 年代情景喜剧的机会 [1]。

在该剧中，美国人拉瑞的远房表亲、东欧牧羊人巴尔基突然跑到纽约来和他同住。巴尔基在某些地方有一点像拉瑞，在某些地方又完全不像拉瑞。但他们确实属于同一家族。

多重宇宙理论就很像拉瑞和巴尔基的关系。它认为每次地球上（或其他什么星球也行）有人做出决定，一个新的宇宙就诞生了。所有这些宇宙都很相似，材质也相同，但却有着本质——巴尔基宇宙。

这个新宇宙，或称为"副本"，和我们的宇宙大体相似——只是，在这个副本宇宙中，那个决定的方向完全不同。

假如你扔了一枚硬币，它头像朝上落地。多重宇宙理论认为，在硬币落地那一刻，另一个宇宙也着陆了。对其他事情也似这样。事实上，本理论允许无限多被改变的宇宙存在：每一个微小的改变、可能性和决定，叠加上其他无穷小的改变、可能性和决定 [2]。

这对时间旅行来说是非常方便的。我们再以祖父悖论为例。我们的时间旅行者回到过去，杀了他／她的祖父，但什么也没发生。没有随之而来的大爆炸，没有伸展的宇宙裤衩，没有抹消存在。时间旅行者就站在那儿发呆，不知道他／她的悖论消失到哪儿去了。

没有悖论发生的原因是因果律并没有被打破。祖父倒在血泊中死去，脑浆在困惑的时间旅行者面前流淌一地，但这位祖父并不是该时间旅行者的祖父。死去的祖父只是时间旅行者祖父的一个副本，而谋杀发生在另一个宇宙。是无限多的宇宙之一，在这个宇宙中，死者没能成为祖父，因为他被一个穿着未来服饰的人杀死了。

---

[1] 所有人都痛心疾首地认识到，文化和娱乐的高峰是在 1986 年。接下来就是数千年的低谷。
[2] 见第 2 章"量子泡沫"部分。

在多重宇宙理论中，每一次你穿过时间线进行旅行，其实都是进入了另一个宇宙。由于有无数多的宇宙，它们可以存在于任何时间。当然，它们中很多都是疯狂、古怪、恐怖版的地球，但由于无限是个很大的数目，所以它认为歧视是不好的。

方便之处在于，多重宇宙理论完全否定了宇宙被炸毁或其他任何悖论引起的后果。不便之处在于，它实际上表明时间旅行是完全无用的，因为旅行者们去的那些被替换的时间线其实都是另一个宇宙。这些宇宙和旅行者本来所在的宇宙在这样那样的方面多多少少有差异也有雷同——但本质上来说，那不是旅行者的过去也不是旅行者的未来。因此，作为一个信息来源这种事完全不可靠。

另：旅行者几乎完全不可能回到自己出发的宇宙。无限需要极大的空间，因此很容易迷路，尤其，多重宇宙没有准确的地图。要当心那巨大的食人宇宙贵宾犬，它也许就在你家门口 [1]。

总结一下

长、长、长话短说——你真心应该避开一切悖论。

你可以通过以下方法避开悖论：

- 去往过去时，不要杀掉任何家庭成员。
- 去往过去时，不要改变任何事。
- 不要去往过去。
- 前往未来时，不要看你将会怎样。
- 如果你看了自己将会怎样，而你不喜欢那个将来，千万不要为了改变那个将来而导致它发生。
- 不要前往未来。
- 如果你目前决定等到将来要去往过去做一点事，那可千万别忘了，不然你就制造了一个不作为引起的悖论。

---

[1] 想想本章的"马蒂·麦克弗莱的差不多定理"。

但是你也不需要惧怕悖论，因为：

- 宇宙会帮你修复。
- 宇宙会假装你根本不存在，这样它就不用应付你了。
- 你可能只是创造了一个不那么好的续集，大家都不喜欢。
- 你可能只是去别人的宇宙捣乱了。

幸运的是，所有这些关键点我们都不是很清楚。如果我们弄清楚了，我们就该假设：你不能阅读这本指南，而时间旅行至少在某些州和某些市是不合法的。虽然我们时空管理事务所纯粹是为了科学和研究，但悖论不适合以实验手段验证。所以……请多多练习短时位移，要小心，要认真。

05

时间战争的时间轨迹

你大概一直在等待本章出现（或者直接跳到这一章了，不建议这样做），并且一直关注着一个最重要最实际的问题：面对面的竞赛。

如果你认为时间旅行就像去布希公园玩一趟——而去拜访古埃及奴隶、美国黑奴、机器人和恐龙奴隶的毁灭性活动，只要靠着旅游大巴四英寸厚的防弹玻璃就能保证安全——呵呵，你大概不适合这种旅行。更不用说你还要戴着那种丢人的帽子，并且要人特别提醒不能接触奴隶。

尽管无法预料，但你的人生至今也是一条直线。然而一旦你踏入时间机器，或者机缘巧合摔进了时空连续体的裂缝里，就像一团棉纱线，被家猫自娱自乐地玩了好几个小时，然后被那自娱自乐的猫吃了。然后又被那自娱自乐的猫消化成一个毛球吐出来——总体来说还是棉纱线，但里头还裹着一坨一坨难以辨认的东西，以及几只老鼠和鸟的残骸。

一旦你第一次进行时间旅行，一切有关开头、中间、结尾，过去、现在、未来的概念就都被扔在四英寸厚的防弹玻璃外面了。天知道你要去什么时间，到底能不能去成，或者你去了之后究竟会对我们的时间线造成多大的影响，当然我们时空管理事务所及其附属机构都在努力研究。

一切都只是时间问题，除非如下两条之一或一起发生：

1. 你遇到了另一个时间旅行者。
2. 另一个时间旅行者是过去或未来的你。

时间旅行只是宇宙这个大操场上的一人游戏，而那唯一一人就是你——这种假设只是愚蠢的白日梦罢了。如果有和你体力和智力相当的人得到了这本指南，并获得了能够进行时间旅行的方法，那么唯一靠谱的假设就是：任何时间，任何地点的任何人都有同等，甚至更大的机会去完成时间旅行。

如果你愿意的话，请想象一下，那个棉纱团将会是你的人生：乱作一团、难以辨认、气味恶心。再想象一下，这个棉纱团和来自另一只猫（或同一只猫）的棉纱团纠缠在一起。然后还有一个棉纱团，接着还有一个。你现在肯定能够想见（或闻到）你和其他时间旅行者相遇会把你自己变得多么乱七八糟，更糟糕的是我们大家也一起遭殃。

为了阻止你的棉纱团人生成形，别的时间旅行者十之八九会想打你。如果那个时间旅行者是另一个版本的你，就还存在潜在的威胁——那场战斗将更加恶毒，更加危险、更加致命。

第 5 章将明确无误地教你如何自卫。[1]

_____

[1] 你肯定特别不愿意像个女孩子似的去打架，虽然之前从没好好学过。

如何确定你是否遇到了其他时间旅行者

在考虑有效的招式，或者考虑要不要穿盔甲之前，我们必须首先教你如果辨别怀有敌意的时间旅行者；意思就是说，教你识别其他时间旅行者。

如果你怀疑自己遇到或看见的某人是时间旅行者：

1. 悄悄跟踪此人。看他 / 她是否走进一条昏暗的小巷，或在进入昏暗的小店之前不断鬼鬼祟祟地回头看。

2. 雇私家侦探去跟踪[1]。

3. 直接问他 / 她是不是时间旅行者。有时候这办法管用，但如果对方是，他 / 她就是你的敌人，如果不是，你会暴露自己作为时间旅行者的身份，在某些特定时代还可能被当作异端[2]绑在柴堆上烧死。

怎样判断你所遇见的时间旅行者是否怀有敌意

你可能会暗自想：为什么仅仅只是成为时间旅行者，就必须小心行事，而且会被认为有机械手臂且非常危险。以下几个原因都很有根据。举几个例子：

狂妄自大

时间旅行者是很特别的一群人。这是个很特殊的俱乐部，收费但从不见面，总之是很特殊。这种特殊性会影响到其成员，并使自我意识膨胀。这会导致特别良好的自我感觉，或者炫耀力量，而在炫耀力量的过程中，俱乐部成员会坚信她 / 他有着无人能比的短时位移能力，单是这点就让她 / 他无人能及。由于你有个时间机器，这就使得你成了对他们优越感的威胁和阻碍，有必要借助时间旅行之机清除。

糟糕的童年

有些人就是需要看精神科医生。也不知道是好还是坏，时空管理事务所已

---

[1] 你得确定私家侦探不是时间旅行者。
[2] 见"生存指南：中世纪：女巫和巫师"章节。

经在时间旅行护照的签发 [1] 流程中强制引入精神检查。

世仇

千万别惹恼了谁，尤其是你惹的那个人有时间机器的时候。

贪婪

见本章稍后的"时间赌博"章节。

你可能还会想：如果你是个时间旅行者，你为什么心里没有半点恶意呢？别太自信了。等遇到某个"真的身处困境"且"恰好需要借一下你的时间机器"的人，而他还回来的时候时间机器的门上全是刮痕，这时候你就懂了。或者等别的时间旅行者赶在你前头一丁点儿把时间旅行的好处全捞走了，你也就明白了。

确定一下，你一定要像检查其他时间旅行者一样，对自己也用上文的图表进行检查。

敌对时间旅行者的时间战斗

现在你正确识别了敌对的时间旅行者，可以开打了。假设你没有正在打、正在逃或正在疑惑自己为什么会被一个骑着三角龙的家伙追。不管敌对的时间旅行者知不知道，他肯定知道你不知道：通往无规则胜利的道路上没有任何规则可言。为公平起见，有一些历经考验且非常实用的技巧你得掌握，要在业余时间练习，至少心里要明白 [2]。

• **扇耳光**——你对付敌对时间旅行者及十二岁以下儿童 [3] 的第一招及最后一招。

• **躲避**——只要不被找到就不会被打。如果你不擅长战斗，或者是个弱鸡嬉皮士，那么你可以经常获得缺席格斗的胜利，方法是确保打斗绝不发生。技巧如下：

---

[1]　时空管理事务所目前尚未强制使用时间旅行护照。
[2]　因为它们可能被用来对付你。
[3]　除非十二岁及十二岁以下儿童已经进入青春期。他们可能比你高比你壮，此时扇耳光无效。

· 不要去任何你曾去过的地方，或者曾向敌人暗示说你将要去的地方。

· 不要去任何你的敌人曾去过的地方，或你的敌人曾向你暗示说他／她将要去的地方。

· 有些地方和你或者你的敌人曾暗示过要去、想要去的地方完全不搭界，这些地方也不要去。因为大部分时间旅行者很擅长利用逆反心理，且运气不错。

· **开枪**——如果你带了枪（你应该随身携带 [1]），开枪比扇耳光有效得多，而且对十二岁以下儿童的柔软皮肤也更加有效。但是，你要知道，很多时候炫耀枪支和实际使用它同样有效（甚至更有效），这算是个终极手段目录吧。技巧如下：

· 必要的时候才开枪 [2]。

· 不要在没有枪的时代用枪 [3]。

· 如果在没有枪的时候开枪了，一定要让目击证人闭嘴 [4]。

· 如果不希望被敌人跟踪，瞄准腿。

· 如果希望敌人永远别跟着你，就瞄准脸。

· 如果部分希望敌人永远别跟着你，就瞄准他／她的时间机器。这就是下一条……

· **破坏工具**——这是最机智也最有效的办法，确保你获得时间战斗的胜利。你的核动力铅板时间旅行生命维持装置说白了就是你的时间机器。对于其他那些想取你性命钱财的时间旅行者来说也一样。以下方法可以破坏工具：

· **开枪**——见前文。

· **藏匿**——这种情况下，不要把自己也藏起来，只藏别人的时间机器就好了。海底和海沟比灌木丛、广告牌后面、谷仓内等标准藏匿地点好。

· **偷盗**——此处的问题在于，你去偷别人的时间机器就得先放下自己的，除非其中一个时间机器能放在另一个里头，这不太可能而且很难办到（除非你很幸运，有个厢式时间机器）。该方法被称为"时间机器怀孕策略"。注意：确保去除内部那个时间机器的动力源。操作装了另一个时间机器的时间机器，对时空联系体而言就像包起司的油炸奶油夹心饼进入你的消化道一样。

· **推荐**：如果敌人的时间机器更好，或者其翼地效应 [5] 看起来更先进。

---

[1] 见"生存指南"全篇。
[2] 一定要开枪啊。
[3] 除非有必要。见上一条注释。
[4] 时空管理事务所不提倡以谋杀手段解决此事及相关争议。要努力说服，以德服人。
[5] 其实未来不采用翼地效应。

• **破坏**——说"你被耍了"最爽的时候，就是欢快地穿过虫洞逃跑，敌人驾驶自己的时间机器在后面追你，却发现他／她的时间机器无法操作，而且还发现一张颇有帮助的纸条在旁边 [1]。

• **土豆**：可塞进排气管，让车型时间机器变成没用的放射性破罐子。

• **多把扳手**：用于砸烂闪灯和哔哔响的组件。

• **音速起子**：用于进入闪灯和哔哔响的地方。

• **动力源**：破坏动力源是破坏时间机器的最有效方法。

附注 1：不要使用枪支，香蕉，一把扳手或徒手破坏动力源。

附注 2：把动力源拿走是最有效的。

附注 3：但动力源通常拿不走。

附注 4：不要徒手取走动力源。辐射不分时间 [2]。

附注 5：不要把动力源放在靠近腰部的地方 [3]。

和时间上的你自己战斗

不同于和敌对时间旅行者的战斗，此处我们为你呈上最坏的——也是最好的——情景案例。注意，任何时候，你要是遇到成为时间旅行者之前的你自己，你自己（假如你认出了自己的话）肯定会想杀了你。这叫做"二重身效应"，这是人类进化的一种本能。

但如果你本人要是知道时间旅行也知道在时间旅行过程中会碰到自己，那你就要足够理智，可以对抗进化发出的杀死自己的命令。但是小心！你自己依然有危险，由于时间旅行是为了修正错误，阻止事情发生，你肯定知道你自己是为了阻止你做某件事而来，或者是为了阻止你做某件其实是另一个你做的事情而来。

最糟糕的是，你要和自己战斗。这很可能发生在某座电闪雷鸣却不下雨的

---

[1] 写"下次再见"或"回见了您！"或者"能找到你的通量电容器吗？"都是不错的选择。
[2] 半衰期和碳 14 测年法除外。
[3] 辐射对腰部损害极大，对腰的相关器官也很有害。

悬崖顶端。可能还包括剑，但更有可能是徒手搏斗。你绝不可能和自己拿枪决斗，放心好了 [1]。

但是你确实需要担心你自己。你知道你自己的一切——你的想法，你的行动，你身上的痣，你讨厌挠痒痒。你是你自己所见过的最可怕的对手，因为你能够完全预料你的行动。但你有一个地方胜过你自己——本指南 [2]。

"知识就是力量。"

——桑德斯上校

你是在和过去的自己搏斗，还是和未来的自己搏斗？

你是在和十八岁时足球明星的自己搏斗 [3]，还是七十八岁时身患肺气肿的自己搏斗？这两者有着关键性的不同，评估自己的生理状况可以帮你取得先手。

是来自你的未来的你还是来自过去的你？

对于将被你开膛破肚的那个你，你知道些什么？他/她是否知道这本指南并记得此类内容？未来的你是否在他/她用于踢人的肌腱进行了植入式生物升级，而挨踢的你对此事还不知情？这也是很重要的信息。你自己认为他/她知道自己面对的是什么，因为他/她就是你，但如果你对你自己了解更多，比你自己对你了解得更多，那么你却不知道面对的是怎样的自己。这是你唯一的优势了，但你也只需要这个优势。

好了，通过评估，你知道自己面对的是怎样的战斗，你知道了你的对手对于他/她的安排有何种知识和信息。现在该把这些消息用于实践了，好确保你把自己揍得满地找牙：

---

[1] 真的想不出那么一场战斗，你头部中枪，战斗结束。只有一个人啊。

[2] 如果那个你也读过这本指南，而且版本相同，上面还有未来或过去的你在空白处写的注释，那就立刻毁了那本指南。首先，毁掉一本书比杀死一个人容易。其次，那是未经授权的版本，我们的机器人律师的程序被设定为坚持经常润滑。

[3] 当然是开玩笑的——"十八岁时足球明星的自己"实际意思是"十八岁时沉迷龙与地下城的自己"。

避免可预测性

你自己毫无疑问打起来也和你很像,所以你肯定不希望你们两个像打蜡式镜像舞蹈一样打个没完 [1],那样的话你们谁都打不到谁。你需要预测你下一步动作,要比你自己更聪明。也就是说,要像越狱的精神分裂症独眼龙罪犯一样去打。要不顾一切。要阴险刻薄。如果你习惯用右手,就狠狠打你自己左边。如果你知道自己常常退缩,那就尽量大喊大叫,在你自己眼前挥手,踢你自己下三路各种器官 / 赛博基因增殖组件。我们可不是说什么公平决斗,我们说的是打败一个心怀不轨的时间旅行者。这可能是你和你认识的所有人活下来的关键。

把时间旅行作为你的优势

即使你对你自己不算特别了解,你依然知道很多你自己的事情:你比对手的你年轻还是年老?年轻人虽然敏捷但是傻,老年人迟钝脆弱但聪明。这就意味着,你可以由此确定自己的格斗风格:如果你更年轻,就把敏捷和傻气作为优势,考虑到你自己认为你了解你自己,所以他 / 她会希望你像你自己那样打架。著名的无敌时间旅行者穆罕默德·罗伯提克·阿里建议大家——像蝴蝶一

---

[1]　或是更糟糕的,你一拳我一拳的镜像舞蹈。

样飘着，打烂他／她的屁股。如果你是年老的你，只要不是你过高评价他／她，而他／她过于轻视你，你都要用头脑和经验去战斗，而非速度和力量。改变套路。像睿智年长的功夫大师一样伸腿把你自己绊一跤。劝诫你自己别去纹那个傻了吧唧的纹身，给你自己看你变得多么老态龙钟，让你自己分心。然后踢你自己下三路／主要排泄拓展口，因为，该死的，你已经有孩子了，而且完全不怎么喜欢他们。

恐吓你自己

如果你和来自过去的你打斗，你可以用关于你自己的精确（或虚假）预言来动摇对方的意志。如果你是和来自未来的你打斗，你知道有关你自己的一切——懊悔、毁灭性的失败、童年的丢脸事、毁容——虽然你好多年前就不再想这事了。心理学是你的朋友，也是有力的武器：别不说话，说到你耳朵起茧为止。尽可能讨人厌、疯疯癫癫还要令人沮丧。把你自己说到哭，踢你自己的下三路／户外洗手间[1]。

高风险／高回报推论

如果你没有"把事情做干净"，而是当你破坏了他／她的时间转移模组之后，在某个时间里留下了一个敌人或者怀有敌意的自己的副本，且对方严重受伤或者叫伤害了，你就会得到如下两种不同结果之一（但很可能是同时得到）：

结果 1：胜利！

结果 2：一个超级愤怒的敌人，她／他的余生都用来重建时间机器，并终结你肮脏的时间战斗，就和过去所坚持的事情一样，但是是由愤怒支撑着他／她，终其一生专注、沉思、以复仇为动力精心策划。

好消息是，你将很快知道结果，比自我觉醒机器人怀孕测试还快。当你回

[1] 注：要避开那些你尚未通过治疗方法验证的主题。如果你也哭了，这策略就算完了。

到家，或者回到你决定这乱七八糟的一切战斗结束后就退休的那个时空交叉点，这时候什么也没有发生，你达成了结果 1。这是最好的。但是由于时间旅行的简略特性，如果结果 2 发生了，你的时间劲敌很可能正在那里等你：已经等了一阵子了，就像那场时间战斗还没打完。或者你自己已经等了痛苦的一生——年老固执的你自己，要把你推进黑洞。

如果结果 2 发生了，重新看一遍上文的技巧，没错的。

（潜在的）完全胜利

这场无止境长跑、没完没了的旅行和扇耳光都有可能演变成和另一个时间旅行者或者你自己之间的战斗，结束它的最好办法就是在源头阻止它。此处所说的源头不是战斗发生的地点，也不是战斗起源的地点，是你的敌人进行穿越时间的旅行之前的某个时候。

在时间的某处，这样的事情存在着——在时间对手的原始时间线上，尤其是在时间对手正在成形的年代，有一些关于成长的故事，里面没那么多老年人。

你的对手可能只是个小孩，根本不知道为什么穿着奇装异服闻起来一股火药、钬和尿味的陌生人要杀了他，或者强迫他完全忽略起居室里明显是个时间机器的那东西，但是你别犹豫——这孩子将来会杀了你 [1]。

注意，这不是教唆你谋杀儿童，或伤害儿童：在绝大部分情况下，你只需要让你的对手在患有某种残疾的情况下接触时间旅行就可以得到想要的结果。比如扮成幽灵大喊："时间旅行时间旅行时间旅行你就死了！"或者在某个公园里靠近你的对手说："我是来自未来的你，你进行时间旅行之后就会变这样。"然后把你对手的狗扔进树丛。

---

[1] 如果你有机会阻止孩童时代的本·莱纳斯，你会不会抓住这个机会？你最好承认吧——约翰·洛克比杰克·谢泼德有趣多了。我们需要时空管理事务所的特工去修复整个"莱纳斯杀害《迷失》中最有趣的角色"事件。

时间赌博

时间赌博是很常见也很危险的时间旅行获利方法，常常发生于一个对未来足够了解的时间旅行者，回到过去，在必胜者身上押注的时候。

一本体育年鉴是最最简单的剧透方式。因此，在第一位时间旅行者用此技巧暴富之后，时间赌博有时候就是指比弗·体育年鉴·佩克。

如果你对时间赌博有兴趣，请务必考虑以下几点：

- 你很堕落。
- 你明知道你本来可以用时间旅行来帮助更多人，或者拓展自己的历史视野。
- 好吧，如果我们不能让你感到内疚，至少记住，把大笔钱花在很多事情上是不明智的，因为你会引起怀疑。
- 同样，每次都赢也不明智，你会引起怀疑。
- 引起怀疑之后你就会两腿一跪，膝盖被赌场保安做成固体胶。
- 一次在拉斯维加斯或其他以赌博为主业的成人游乐场停留超过三天，会患上失眠症、会出卖灵魂、满肚子自助餐、膝盖变成固体胶。

以上意见就是让你保持移动，你的赌局要合理，控制胜负。但是，就像所有的赌博一样，时间赌博也会让人上瘾。时间赌鬼最终会逛完每一处可去的时代，赌完每一场可赌的赌局，然后遭遇不幸，失去一切——至少失去他们的膝盖骨。

有时候赌鬼们会不顾一切地开设赌局，再回到过去确保自己想要的结果发生。拿赫尔曼·菲茨尔伯格来说吧，他曾和一个富有的工业家打赌，说他能在加拿大新斯科舍某处发现失落的蜥蜴和人类结合体，赌注高达 1.034 亿美元（含通货膨胀因素）。于是菲茨尔伯格带上苏格兰威士忌驾驶时间机器回到远古，试图让一条吉拉毒蜥怪怀孕。

他失败了 [1]。

---

[1] 这也是吉拉毒蜥怪第一次吃到人肉的时候，此事险些导致人类灭绝。

时间赌博和时间战斗密切相关，因为如果你常常搞些时间赌博，就肯定会遇到别的时间赌鬼，这就导致你们得想出技高一筹的办法，好了，打一架吧。

如果你，或你爱的某人，或者其他类似的什么人，遇到了时间赌博上的麻烦，请立即联系时空管理事务所。也就是说，立刻把体育年鉴从他/她手里抢过来，搞一个他/她可能参与的赌局。把钱存银行。

胜利之后

从无数个你处获得无穷力量定理，解密

如果你不熟悉时间旅行和多重宇宙理论之间的联系和相似性，你得先学习一下。为了在逃避中世纪骑士和 FBAs[1] 追捕时依然不慌不忙，同时也是为了照顾我们编辑因为注意力难以集中这一绝症而对于行文简洁的要求 [2]，我们必须把本指南压缩在少得难以置信的字数范围内。因此，我们不能重要的事情重复三遍，即使你的人身安全真的岌岌可危。

总之就是说：恭喜！你在时间战斗中打败了自己获得了胜利。你是更优秀的（虽然不是原本的）你。坏消息则是：如果所有的多重宇宙真是那个样子，这只是无数个可以揍你、有能力揍你的你之一来揍了你。

在时间科学家们不知疲倦的探索中，他们发现了一首古老的中国儿歌，名叫《Yi》，也就是"一"的意思。《一》在 21 世纪初期很快风靡全世界，因为中国人口和大熊猫都很多很多。在这首儿歌中，一个名叫邪恶李杰特的人在各个宇宙间漫游，在各个战斗中打败了他自己。他每赢一次，被打败的"不邪恶"李杰特的力量就会平均分配到剩下的李杰特身上，邪恶和不邪恶的都一样。最后只剩下两个人：超级邪恶李杰特和不知道超不超级的不邪恶李杰特，后者虽然也很强大，但是因为自视高洁所以能力打了折扣。我们就不说结局了，反

---

[1]　飘浮大脑外星人。
[2]　她辩解说她在推推上有两百万粉，而推推是限 4.7 字符的社交垃圾邮件软件。

正他们中有一个赢了，此后所有多重宇宙中都只有一个李杰特了。

可是这恐怕全是胡说八道。

不是不让你去试，只是你已经体验过了，打败一个你感觉很棒。但是反复不停地打，如果没有意外的话，多半是来自最高层的命令[1]。

这首儿歌错的重点在于，多重宇宙的数量和被打败的不邪恶李杰特的数量是有限的。但是事实却有无限个不邪恶李杰特生活在无限个宇宙中。而且，技术上来说，也有无限个邪恶的李杰特。我们得提醒你：

$$\infty - 1 = \infty$$

无限减一等于无限，因为它是无限的。

这只是个概念而不是具体数目[2]。

这就是为什么它叫"无限"。不过被打败的人力量分配到剩余的无限个李杰特身上还是可能的，但是基于同样的理由，技术上此事也无法证明：

$$\infty \ (\infty - 1) = \infty^2 = \infty$$

无限个李杰特的力量乘以无限减一个（被打败的那个）李杰特的力量，等于无限的平方，由于无限是无限的，也就无所谓平不平方，还是等于无限[3]。

就算那些力量真的被分配了，平分到无限个你身上，每一个你的力量也不会有什么变化。

现在，我们听到你说了，至少是你脑子里想的声音："好吧，嘿，多重宇宙只是一个理论，即使它是真的，我也没理由要冒着被分解成原子的风险穿过量子泡沫的缝隙。没有无限了，对不对？"

很遗憾，这恐怕也是胡说八道。

我们在开篇第1章就说了，你第一次进行时间旅行，你的人生就不再是一条直线。不再是存在于一点——见开篇对"现在"的定义——你存在于无数点上。

---

[1] 别介意，这只是大规模自杀。
[2] 别管那些大学数学系的傻子发邮件说了啥。让他们闪一边儿去。
[3] 大学数学系的傻子又来了。

你可以前往生命中任意一点去看另一个你。你可以打败一个你，然后回到0.015秒之前，再去打一次。

据你所知，你是唯一一个进行时间旅行的你，但你越是干预时间之事，你就越不可能是唯一一个。所以，现在有无数个停滞不前的你，还有无数进行时间旅行的你不断从时间和宇宙的这里那里冒出来。你很快就得打打杀杀好几天，然后变得像被消化过后的棉纱球一样了。一点儿不夸张。

06

最糟糕的封闭时间时空场景：修复时间线

警告：以下信息主要讲述如何应对毁灭性的失败。这种程度的失败有可能发生在你遇见了一个敌对的时间旅行者，且没能打败他，后眼睁睁看着他们去往过去杀了祖父们的时候。也可能发生在你把智能手机落在了黑暗中世纪，引起了超快速的知识传播，结果拿破仑·波拿巴和一队精神控制的红色熊猫引起了核战争。这个意义上来说，你搞砸的事情实在过于气派，你只能诅咒你那悲催的时间机器，对着空气挥舞拳头，高呼任何男人／女人／超级智慧猿类都不能掌握如此巨大的权力。

好吧，其实我们很不想告诉你，但本章全是在说这一时刻[1]。你可以稍后再返回查证——稍后，因为你最好不要站在这里想，是不是可以趁还没有制造这么多混乱之前就先毁了时间机器，我们希望时间线还是老样子，谢谢，我们不想因为你守规矩守得太晚而被猿类和法国佬统治。

---

[1]　这就是为什么你最终要毁掉时间机器。见第 3 章。

你现在有事可干了，勇敢的时间旅行者。别再为破破烂烂的时空哭泣，起来干活。

你弄坏的你买单

不管是不是你干的，反正现在时间线分崩离析，只有像你一样能够进行时间旅行的人才能修复。我们可以向你保证，我们中谁也不想卷起我们光鲜的可降解连体服袖子，穿过时间帮你收拾烂摊子。收拾起你的钚和适应时代的头盔：你一个人去。

但别着急：首先，你需要准确地知道你的时间线要从哪里开始修复。这是特别重要的信息——没有它，你很可能错上加错。

好消息是：由于你是时间旅行者，你知道时间线被改过了，你已经知道了修复所需的信息，不管你有没有意识到。你的记忆——有关原本的时间线和时间旅行之前的生活——将成为你的指引[1]。

假设你没受到辐射，没被奴役，没被机器人变成电池，没被前人类食人族吃掉，那你可以做一点侦探工作。这是修复时间线的第一步。

第一步：画出原本的时间线，细节越多越好，同时牢记，一切都是你的错。

从这里开始，到回到过去拯救未来之前，你需要收集好几个至关重要的信息。

第二步：找出究竟是哪里变了。

在你去往过去或未来的时候和你回到现在／未来／过去的时候之间，一切都变了——这是我们工作的大前提。你的时间机器出现，传送门关闭，一切都……错了。

使用精确且细节丰富的脑内原始时间线图画，你可以开始比较当前状况究竟有哪些不同。

---

[1]　即使你原本的时间线是被其他时间旅行者改过的／创造的，你也要去修复／破坏它。见第 4 章"不作为引起的悖论"部分。

也许只是城市沉入水下，你祖母有了蜥蜴尾巴，阿尔·戈尔成了加拿大总理：不管改变多大、多小、多冷、多热、多奇怪，只要超出了马蒂·麦克弗莱的差不多定理范围，那么在你刚刚离开和刚刚到达之间，就肯定有一些疯狂的事情发生。

一些需要注意的常见变化：

1. 一些活该倒霉的邻居如今富得流油。
2. 一些毫无道德感和常识的人当了总统、国王、首相、本国／本星球领袖。
3. 有准备推翻上文所说的邻居／恶霸的地下运动[1]。
4. 对颜色的认知改变了。（如：红灯行，绿灯停）
5. 你那个时代人全然听命于某种原本低等的动物／人／家务工具／植物。
6. 原本去死（或活着）的朋友（或亲属）如今活着（死去了）。
7. 朋友（敌人）如今蓄着山羊胡子（或刮干净了），并且变得邪恶（或善良）。
8. 和原本的时间线相比，技术上发生特别重大的进步或退步。
9. 时尚界的错乱。[2]

记下此类变化，在第三步中你用得上。

第三步：想清楚这是什么时候发生的。

你知道自己在哪里、去过哪里。你见到了时间线所发生的改变，你可以开始考虑事情是从哪一步开始错乱的了——因为你曾经在那里。是事实，多半就是你干的。我们就是在责怪你。

回想一下，你（或某个过去／未来版的你）（或某个本该被你打败、但由于你太弱了而没能打败的敌对时间旅行者）做了怎样的改变？你（他们）什么时候做的改变？

这是最后一个关键步骤。不回到事情被改变的那个原始时间点就不可能修复时间线，因为关键改变在新的改动后时间线上发生之后，一切影响才会随

---

[1] 尤其当此类运动中有来自你原本时间线的普通人，比如面包师、老师，且这些人成了全人类的英雄的时候。
[2] 译者认为这条不能算。时尚界向来游离在时间线以外。

之出现。因此，你需要回到分歧发生的时刻去修复损伤。但需要注意的是，所谓的"原始"时间线如今已经不存在了——你能指望的最好的结果就是在某种程度上尽可能修复损伤，使这条"新"时间线——其实只是原始时间线的混乱版——尽可能恢复原样。

如果你不太确定自己改变了什么，你还是可以回到你（或别人）改变时间线的大致时间。你短时间不一致就说明你正在 / 很接近时间线发生改变之时，这样可以排除由线索得到的诸多推测。

一旦你确定了时间线发生改变的具体事件，以及它在时间线上发生的"位置"，你就可以进入自己的时间机器，一路冲向救赎或失败了。

第四步：回到你当时在的地方，纠正错误。

别以为这一步很简单——想着你别去做就好了。你不单是要为了自己的爱好去修复时间线，理清混乱，你同时也是为了我们大家的爱好，我们都希望保持自我。修复时间线是你的责任，也是为了那些在名字蠢得像比弗一样的恶霸脚下瑟瑟发抖的人的利益。这可不是你跳上悬浮滑板就能一走了之的事情。

你大概能够推断出：修复时间线并没有严格的规则，虽然还是要考虑标准的因果律。随时牢记，什么事可以变，什么事不能变。其他一些需要记住的点如下：

1. 不得干涉你自己。 是的——你不能抓住自己然后就算阻止了事情发生，这样会产生悖论。除非你是想知道从原子层面上粉碎是多么恐怖（你很可能会融化，或者用时空的内裤纤维做了个悖论的楔子[1]），你必须让过去的自己完成所有事件，从而引导你回来修复时间线。

2. 你必须在事物被破坏之后再进行修复。 同 1 一样，你必须让过去的你把事情全部搞砸，然后回到未来 ™ 回到时间流中稍后的那个点[2]。不管什么发生了变化，你都只能在稍后进行补救。不然你个人的历史会被扭曲，你永远不可能去到未来被打乱之前，这样你就不可能回到过去进行修复。这就是阻止一个悖论却引发另一个

---

[1] 远不如纯棉的柔软。
[2] 我们用了一个无授权的词语。无需做法律回应。

悼论的情况：不是期待中的结果。希望你没有踩死最重要的甲虫，也没有在未来的总统六岁时不小心开车撞死了他，或其他什么的。

3. 尽可能接近。如果未来的总统在六岁时真的不小心被你开车撞死了，好吧——你这狗屎运真是没得说了。不要发呆也别等着变意面，做点小总统可能会做的事情，比如写本书，内容就写那位总统可能有的主张，万一哪个孩子读了这书，接受了其中的观点，并成了总统——这个结果就足够接近了。到这样宇宙可能会宽容一点。总之先试试，交通肇事逃逸之后至少得补偿一下吧。

4. 接受新的现实。我们再次援引马蒂·麦克弗莱的差不多原理。如果你回到过去，你的女朋友/男朋友变得更赞（或者还是老样子），或头发从紫色变成了基因重组的金色——你就姑且当这是成功吧。我们不是让你放弃。我们肯定不会说"就交给纳粹啦"或者"人类就终结于僵尸天启吧"之类的。但是我们要说的是，你得现实一点。你只要把由残缺的、受辐射的、疯狂的、食人族构成人类社会，改变成不是由残缺的、受辐射的、疯狂的、食人族构成的人类社会[1]，那么任何未来都可以认为是好的。

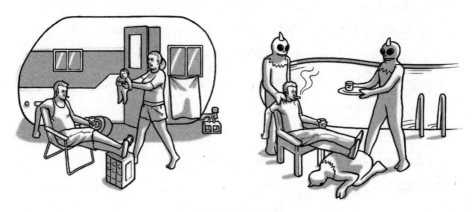

实际上的差不多原理

5. 退出时间旅行。时间变幻无常且详细得残忍：如果你完成了1至4步，和你原本的时间线也"足够接近"，没有任何要人死掉或攫取大权，那么是时候回到第3章—一劳永逸地销毁你的时间模组了。甚至可以说，如果你大幅度改变了历史，我们最好和你一起向时间机器告别。感谢你的努力。享受无聊而卑微的生活吧。

---

[1]　如果你那个毁灭时间线的变化包括让死去的亲属活过来，滚一边看精神科大夫去。就因为你不想处理内心深处对父亲的懊悔，我们要容忍长蝙蝠翅膀的食人猿？没门儿！

你看，我们现在知道你找到了简单的方法——但是相信我们——即使《死亡幻觉》的唐尼·达可也是被一只巨大的时空兔子说服才去修复了时间线，但由于巨大时空兔子让他先行离开所以他离开一事依然扰乱了时间线。你不想当巨大时空兔子对吧？好吧，这只是修辞。你肯定不想当巨型时空兔子 [1]。

要挽救时间线需要你竭尽全部的技术、脑力以及在本指南中所学到的一切。但是你能做到。你必须要做到。行行好吧，粗心大意的时间旅行者必须彻彻底底地赎罪：你是我们唯一的希望 [2]。

---

[1] 作者其实并不确定电影里究竟发生了些什么。
[2] 哦，还有上帝。

时间线

宇宙之初—公元前 2.58 亿年

公元前 **13750000000** 年：大爆炸。

公元前 2.58 亿年—公元前 3300 年

公元前 **1000000** 年：比尔和特德停留在史前的圣迪马斯修复他们的时间机器。

公元前 **986473** 年：鲁伯·戈德堡的时间机器在着陆时毁坏并搁浅。

公元前 **12000** 年：神秘博士乘 Tardis 造访石器时代。

公元前 3300—公元 400 年

公元前 **1410** 年：比尔和特德在古希腊雅典城找到苏格拉底。

0 年：耶稣那档子事儿，你懂。

公元 400—公元 1300 年

984 年：最后一头龙被屠了。

1209 年：比尔和特德遇到成吉思汗。

公元 1300—公元 1940 年

1357 年：艾什带着他的火魔杖和绳锯式义肢以及 1973 年款德尔塔 88 型旧智能手机来到英格兰。

1450 年：2003 年的保罗·沃克及其友人在法国西部一次英法战争中破坏了时间线，同时还损毁了一个更好版本的迈克尔·克莱顿作品。

1450 年：比尔和特德决定去找历史上的美女们。

1492 年：比尔和特德在法国找到了圣女贞德。

1603 年：四个变异的人形乌龟来到封建时代的日本，由于他们同时也是忍者，所以很方便。

1787 年：亚历山大·熊肘·汉密尔顿从自己的时代消失；亚历山大·熊肘·汉密尔顿

带着保龄球奖杯回到自己的时代。

1805 年：比尔和特德在奥地利找到了拿破仑·波拿巴。

1810 年：比尔和特德在德国卡塞尔市找到了路德维格·冯·贝多芬。

1863 年：未来的家伙使用 1994 年的武器偷走了同盟国的黄金。

1863 年：比尔和特德找到了亚伯拉罕·林肯。

1879 年：比尔和特德在新墨西哥州找到了比利小子。

1885 年：一道闪电将埃米特·布朗博士和他的德罗宁车送回到过去的山谷市，离开了 1955 年。

1885 年：马蒂·麦克弗莱于 1955 年收到了埃米特·布朗博士的求救信，于是回到 1885 年的山谷市，拯救 1985 年的布朗博士免遭"疯狗"塔南枪杀。

1893 年：开膛手杰克偷走了 H.G. 威尔斯的时间机器来到未来的旧金山。威尔斯追着他去了。

1895 年：乘车路过一座钟楼时，爱因斯坦第一次想象追赶一束光会发生什么，于是这疯狂的一切得以成真。

1899 年：H.G. 威尔斯去了未来。又一次地。没什么大不了才怪。

1901 年：比尔和特德在奥地利维也纳找到了西格蒙德·弗洛伊德。

1919 年：爱因斯坦和他表亲结婚了。

1928 年：七年前，戴尔布里奇·兰登三世取代德国人来到波兰，他决意刺杀阿道夫·希特勒。

1929 年：尚格·云顿从 2004 年带来 1929 年，目的是逮捕他在时间执行委员会中的搭档，此人在时间里干了很多不该干的坏事。

1930 年：詹姆斯·T. 科克船长，莱纳德·骨头·麦考伊博士和史波克先生穿越时间来到大萧条时代。

公元 1940—公元 2040 年

1945 年：约翰·洛克遇到理查德·阿尔佩特，丹尼尔·法拉第没有意识到他险些制造了一个不作为的悖论，他没有自己想象的那么聪明。

1955 年：埃米特·博士·布朗在厕所里跌倒昏迷。受益于这次脑损伤，他发明了通量电容器，于是这疯狂的一切成真的可能性更大了。

1955 年：来自 2015 年的老比弗·塔南造访了小比弗·塔南，并给了他一本体育年鉴。

买体彩不是时间旅行的正确使用方式。

1955 年：马蒂·麦克弗莱发现比弗利用体育年鉴改造了整个山谷市，于是在埃米特·布朗的帮助下逃回 1955 年修复了原本的时间线。

1974 年：三个来自 2007 年大洋航空 815 号班机空难的幸存者回到 1974 年并加入了达摩组织。这很可能是某个自然形成的虫洞造成的。

1977 年：三个来自 2007 年大洋航空 815 号班机空难的幸存者，在阿基拉航空 316 号班机在克隆岛坠毁时，回到了 1974 年——这更像是某个自然形成的虫洞造成的。

1979 年：超人绕地球逆向飞行，同时逆转时间救回了露易丝·莱恩，这是有史以来最蠢的情节。

1979 年：H.G. 威尔斯从 1893 年一路追踪开膛手杰克到 1979 年。

1984 年：两个水手从 1943 年瞬移到 1984 年，这是海军试图让战舰隐形的结果。

1984 年：凯尔·里斯从 2029 年回到 1984 年，目的是保护莎拉·康纳免遭 T-800 人形机器人杀害。

1985 年：马蒂·麦克弗莱乘时间机器德罗宁汽车逃离利比亚恐怖分子追杀。

1985：马蒂·麦克弗莱和埃米特布朗从 1955 年回到 1985 年，发现比弗·塔南通过时间旅行毁了山谷市。

1986 年：詹姆斯·T.科克船长和史波克去找一头鲸鱼以便拯救宇宙或者之类的。

1988 年：乔治·卡林造访比尔和特德，他想确知未来比较酷炫。

1990 年：时间旅行防御治安推事布鲁斯·威利回到过去阻止一起病毒泄漏，但却开始拍电影了。

1995 年：山姆·贝克特博士在时间中迷失，他不断占用他人的身体，同一个只有他自己能看见的全息投影对话。后来，他很显然就疯了。

1995 年：天网第二次试图暗杀约翰·康纳，一个 T-1000 人形机器人被派去追踪他。机器人阿诺德·施瓦辛格影响了康纳的行为。

1996 年：时间旅行防御治安推事布鲁斯·威利主动前去阻止逃逸的病毒。事实证明那是 SARS，不过那不是什么大事，布鲁斯·威利救了我们大家。

2004 年：两个工程师发明了封闭循环量子非固定式时间旅行，并以此在股市牟利。

2005 年：神秘博士随机遇到一个地球少女，并带上她旅行去了。很多次了。

2011 年：一个邪恶的量子回到 2011 年从大型强子对撞机里抹消了自己的存在。

2012 年：时空管理事务所的科学家来到未来发行第一版《时间穿越指南》。评论反响很友好，但是科学界态度较为严苛，大部分人将此书当作科幻小说。

2015 年：埃米特·布朗，麦克弗莱和詹妮弗从 1985 年来到 2015 年解决麦克弗莱家孩子的问题，但险些将地球变成比弗帝国，同时炸毁宇宙。

2017 年：戴尔布里奇·兰登三世偶然发现一种借由静电进行的罕见而危险的时间旅行方式。

2023 年：时空管理事务所成立。

公元 2040—公元 2183 年

2043 年：亚历山大·熊肘·汉密尔顿和实习生里奇来到时空管理事务所总部。

2054 年：时空管理事务所去往 1921 年进行测试旅行，无意间携鲁伯·戈德堡一起返回，鲁伯决定留在 2054 年，"看看这些简洁的工具"。

2056 年：鲁伯·戈德堡参与了一次未经批准的时空管理事务所测试旅行，去往史前时代；回来之后，戈德堡胡言乱语地说起滑稽而精巧的机器。紧接着他就回 1921 年去了。

2100 年：奋进号星际飞船船员从 24 世纪回来，阻止了博格人占领地球。

2178 年：后天启时代地下巴黎将某人送回来，他在通往机场的柏油路上被枪杀，目击证人是五岁的他自己。成功避免了不作为引起的悖论。

公元 2183—公元 2323 年

2183 年：机器人开始崛起反对人类。

2184 年：时空管理事务所总部被毁，幸存者转入地下。

2208 年：科学家在地下巴黎坚持工作，将一个人送到过去使用实验性梦境系统阻止机器人崛起。

2233 年：一艘罗慕伦船只穿过黑洞从 2362 年回到 2233 年。我们不知道我们自己信不信这事，看样子某人的宇宙完蛋了。

2258 年：出于某种原因，史波克从 2362 年穿过黑洞出来了。

2286 年：艾什喝了一剂中世纪巫师的睡眠药剂之后醒来。他突然意识到自己睡太久了。

2293 年：人类崛起反抗机器人的统治；赢得了基于某种逻辑技术的胜利。

2294 年：时空管理事务所总部重建。

2313 年：就在人类重建和谐的地面生活时，外星人入侵地球。

公元 2323—公元 13501 年

2650 年：人类联手机器人与 X–Filians 订下协议，长时间的战争和占领结束。

2673 年：时间领主神秘博士宣布他把厢式时间旅行技术授权给乔治·卡林，后者根据专利权文件一直宣称自己独立发明了厢式时间旅行机器。

2688 年：乔治·卡林出发去寻找比尔和特德。比尔和特德来到夜总会——极大地鼓励了乔治·卡林。

3978 年：乔治·泰勒到达人猿星球，其实就是地球。泰勒惊呼："你这个疯子！滚下地狱去！"

公元 13501—？？？

802701 年：H.G. 威尔斯发现莫洛克。

—4730000 年：时间终结，应该是。

时间旅行者的时间旅行指南：
在各时代生存

怎样将本指南的这一部分用作现场作业指导

    说完了所有这些理论、方法、机器以及来自过去和未来的你自己，我们要说说在实际行动时——穿越时间时——关系到每一个时间旅行者性命的问题。不要急着冲进时空中，兴奋过头的时间旅行者。这只会让你落下笑柄。从你的时间交通工具或时间传送门里出来，你就进入了一个完全未知的世界：你也许觉得，看了新闻和好莱坞作品就知道 1969 年的伍德斯托克有什么危险，但是，没有杀虫剂和一星期量的饮用水，没有称手的钝器痛揍饮酒闹事的人 [1]，恐怕生存就成了最大的问题。

    我们给出地球各个历史时代的大量基础知识，以便你能为最坏的情况做好准备——比如怎样打退恐龙，怎样把大金字塔变成临时时间坟墓瞬时逃离装置，怎样度过 21 世纪末至 22 世纪的核爆末日，怎样决定去不去和火辣的外星美女搭讪。

    本书的这一部分主要是做参考指南之用。内容按时间顺序排列，其次才是

------

[1]　出手要快，不然那帮嬉皮士会把它当烟抽了。

字母顺序，但有部分例外。举例来说，你寻找骑恐龙的技巧，就该在"恐龙，骑乘"条目下查"史前"。或者如果你不确定怎样操作微波炉，不确定怎样保存冷冻食品，你该在"原子时代，微波炉"条目下查"电脑时代"。

同时还要记住，在这个时代存在的东西，到另一个时代未必会消亡，反之亦然。比如：你可以在"帝国"章节找到"假装剑客"的章节，但在"中世纪时代"假装剑客也能帮你逃脱追杀。逃离恐龙是在"史前时代"，但最基本的内容——逃命——却适用于历史上任何不利情况。注意看生存指南里提到不同时代的脚注。

在各时代生存：普适的规则和建议

不管你要去什么时代，或者要在那里做什么，时间旅行对所有旅行者来说都有一个巨大的风险：滞留在某个不属于你的、糟糕透顶而且特别危险的时代。因此，你应该在你的时间旅行车里，或适应传送门的骡子上，准备好理论上可以求生的必要装备。以下物品是你应该时刻随身携带的，以下问题也是你应时刻准备应对的。

你应该带什么

本指南！

必须的。

"火魔杖"

在史前时代和早期人类历史的某些时候，"上帝般的愤怒"亦可。你的标准12铅径泵动式猎枪可以在各个狩猎商店轻易购得，外观引人注目，火力十分强大，在绝大部分历史时代都很实用。没错，每一次你走出时间机器时，都必须高喊"这是我的火魔杖"并开枪发出"警告之火"来恐吓原始土著。

跑鞋

没有一双感觉舒适、穿习惯的跑鞋，就绝对、绝对不要踏上危险的时间旅行。在很多情况下，你不敢相信到底是有多少情况，你能否逃出生天都全靠你的速度。相信本指南——常备一双好的跑鞋。

备用时间机器电池

有很多时代没有自来水，没有中央空调，没有时间旅行中的关键要素：电。而在穿越虫洞时，电池也的确时常着火，因此确保随时有一块备用电池。

备用时间机器

如果你带着备用品，也许就该准备一个真正需要的。如果在你的主时间机器里，还能维持第二台时间机器（算上你所有的行李和纪念品），那你绝对要带一台。时间机器，它们非常娇气，使用的时候容易损坏。如果你去某处时候使用 / 损坏了一个，回家的时候又使用 / 损坏了另一个，那你至少回到家了，再也不用也没法进行时间旅行了 [1]。

时间机器组件

我们特指额外的线缆。时空管理事务所的领导者一再强调裕余的导体能够帮你收集电能为电池充电，这是非常有用的。很多东西都（很可能）耗电，但线缆的工作却是将能量注入你的时间机器。带上它以及其他各种你用得上的零件，尤其是门把手：这些塑料玩意儿总是容易掉。

土豆种子

你是在为最坏的情况做准备，最坏的情况就是你被困在某个可怕的时代，而且不得不一生都住在那里。嗯，至少是在时间机器修好之前都住在那里。这时候就需要万能的土豆登场了：这种蔬菜是超级能量包，很容易种植，饿的时候能填饱肚子，还能做成小电池组给灯泡供电。种植足够多的土豆，你至少可以在和日渐无望的人生作斗争时能吃上美食。另外，你该学点农业。

---

[1] 回忆一下第 5 章 "和怀有敌意的时间旅行者进行时间战斗" 部分中，"破坏" 这一节下的时间机器怀孕策略。

确定你究竟处在哪个倒霉时代

坏消息，时间旅行的朋友们：被困在某时代常常是事故或迷路所致。这意味着你常常不知道自己降落在了地球历史的哪个时代，没有此类信息，你就真的是赤手空拳逆河流而上，连钛合金手动推进杆都没有了。而且短时间内也很难从本指南中得到任何有用的信息。

为决定身在何时，你的观察力是最有力的工具。寻找以下暗示：语言、技术、当地人常见的死法（你造成的不算）。

生存指南的每一章开头部分都会给出各个时代的特征。综合参考各要点以判断你处于哪个时代，及你当前有多糟糕。

确定你究竟处于哪个倒霉地方

见上文。这也同样重要——你可能在公元 100 年，但你会在埃及沙漠里死于干渴还是会在罗马大竞技场死于腹部刺伤？这两者，正如你想象的，虽然属于同一时代，但差异巨大。

再说一次，在进入任何地方之前，先看我们特别标注的部分并仔细观察。看见一个日本人并不意味着你人在东京——你也可能在洛杉矶。但如果那人还带着武士刀，那就很可能是日本了（或是洛杉矶的另一个地区）。使用你的常识和最准确的判断力，但始终要小心行事。祝你好运，无畏的时间旅行者，另外，持有大幅超越时代或根本不该存在的技术时，千万不要被拍照。

在各时代生存：史前时代

宇宙之初—公元前 2.58 亿年

（恐龙狂欢节至冰河时代猛犸象狂欢节）

编者注：这部分的生存指南主要是针对恐龙，面对所有利齿动物和一切冰河时代冻土带掠食者，各种解决方案都挺好用的。至少没人说不好用 [1]。

怎样判断你身在史前时代

- 沥青坑
- 巨型植物
- 巨型昆虫
- 巨型动物
- 人迹罕至
- 雷猫

---

[1] 如果你能对付霸王龙，你也就能对付巨猫。

盘古大陆

- 你应携带的东西
- 本指南
- 火魔杖
- 跑鞋
- 大号或超大号苍蝇拍
- 备用时间机器电池
- 备用时间机器

简介

技术上来说，"史前"这个词可以泛指有记录的人类历史之前的任何时间，但考虑到此章节的目的，我们将其定义为恐龙时代至人类初现这段时间。并不是因为我们懒，虽然内部绩效评审显示我们确实懒，而是因为你回到了太久以前的过去，若要列举一切可能让你死掉的事物和方法，总结其实只有一样——"所有事物"。这就是史前时代的特征了。

- 没有大气
- 没有氧气
- 没有陆地
- 各种重大进化事件，我们懒得管，因为随便它成不成
- 丰富的灼热液态岩浆

所以当你发现自己回到了特别久以前，连爬行动物和长尖牙的鸟类这些能把你囫囵吞下的动物都没有，那么，除了"屏住呼吸尽快回到时间机器里头去"以外，我们也没什么别的"小贴士"可说了。

如果你看到了恐龙，那好：屏住呼吸尽快回到时间机器里头去。它们是典型的"先吃了再看消不消化"类型。

总之欢迎来到史前时代：这里植物巨大，动物更大，只有一块大陆，所有这一切，只要时机成熟，就会吃了你。

恐龙和恐龙格斗

这情况会出现的。任何时代，只要在时间机器外停留得足够久，就越有可能遇到饥饿的大型野兽来挑战你。与蜥蜴国王及其臣民的死斗需注意如下事项：

火魔杖

你绝对需要让恐龙知道，你能让它消化不良，没有比火魔杖更适合发出这个信号了。但万一你不小心把信号错发成了"哎呀，我不是故意开枪的"，那你就要被追得往火山上爬了 [1]。

弹药

你需要时刻持有大量弹药，把它们背在身上，口袋里也塞满药。时间旅行者能够在没水没食物没住所的情况下存活——但作者们从没遇到过没有弹药只靠着一本书活下来的史前时间旅行者 [2]。

高效率：标准的 12 铅径猎枪没法击毙绝大部分史前巨兽，但可以通过近距离和反复打击敏感部位来取得最佳效果。也就是说，你可以等着自己快要被吃掉的时候，打那个史前巨兽的眼睛，或者等它靠近了狠狠打它的"猛犸 [3] 宝

---

[1] 见"生存指南：史前时代：疯狂逃命"部分。
[2] 不要把弹药和易爆物品存放在你的时间机器内部或附近。有可能走火殃及通量电容器，造成包括死亡、爆炸死亡、死得很完整、被炸飞死的结果。
[3] 这里"猛犸"是"大""球状""特别大"的同义词。真正的猛犸宝贝不可能被打到，它们有足够的时间被沥青煮了之后再等冰川冷却。

贝 [1]”，猎枪会救你一命。附：数吨重的蜥蜴都不太能够保持平衡。比如说，打霸王龙的尾巴比打它的小短手有用一百倍。

低效率：火魔杖的效率在以下情况中会大幅度降低：

• 没有弹药（见上文）

• 走火了（副作用：被吃掉，被踩死）

• 试图比没有拿猎枪的动物跑得快

• 丢失

没有火魔杖？

• 看周围：能不能用诱饵或者棍子转移恐龙的注意力？你有没有人胖，跑得慢而且不介意牺牲的朋友 [2]？

• 有火吗？你会生火吗？你可以进行时间旅行，却不会生火？你说真的？

• 采取拳击姿势。较强的手保护自己的脸和身体，较弱的手打恐龙的眼睛、鼻子和嘴。当对方眩晕放下防备时，给予它强力一击。记住要用腿部旋转的力量。狠狠打脸。

• 能不能用手边的材料做个较原始的火器？有没有方便戳刺的东西？狠狠戳它！

• 尝试与恐龙沟通。说明你的处境，找点共同语言。要不讲个笑话？

如果全部失败，请查阅“史前时代：疯狂逃命”。

骑乘恐龙

这是比打斗更好的一种选择。虽然你一般都需要和恐龙打架（并获胜）之

---

[1] 我们指的是蛋蛋。你连三年级都没上吗？
[2] 如果你就是人胖跑得慢的那个，那就确保你一个人全权保管本指南。

后才能骑它 [1]。该选项能让你获得些许恐龙权威（还可见"恐龙：和它们共同生活"）同时让长途旅行轻松不少 [2]。以下是如何才能骑上恐龙：

- 选定一头恐龙。你肯定不喜欢想吃了你的那些，除非你和恐龙就这场格斗已经达成了一致意见。大小也很重要：三角龙就很合适，因为它们比较贴近地面，而且有犄角很方便上下；但是它们慢得要命，绝大部分时间都在吃，总是用头撞对手——也就是说你会先撞过去。大型食草恐龙是很好的选择，只要你很擅长在上下恐龙的时候爬上很高的树或悬崖。

- 仔细观察恐龙：它超重吗？是否有能被你利用的精神问题？胖恐龙应该更愿意被你骑，因为它们喜欢受到关注。

- 和恐龙交谈。爱抚它的脸，看着它的眼睛，和它温柔地说话。如果它拱你的头发，舔你，或者彻底无视你，那你应该就可以骑它了。

- 拿根长绳子 [3] 打个结 [4]。骑上马或机动车，从兽群中穿过去。当你发现有可能被驯服的恐龙时，将绳子在头顶甩上一阵，然后抛出去，套住那个恐龙的脖子。当它筋疲力尽不可能再拖着你跑时，骑上去，给它取名字。推荐的名字：出租车龙或者克莱德挽龙。

- 从高处跳下来，比如树或者悬崖，跳到你的恐龙背上。如果你能在它背上坚持八秒，规则认为那头恐龙就会让你一直骑它了 [5]。

大功告成！你可以骑恐龙了，或其他类似四足动物了！

利用你所骑的这头恐龙去和别的恐龙打斗

绝大部分恐龙其实没兴趣和你打架，顶多只想踩你把你咬成两半，除非你真的特别擅长拳击，否则你绝不是一头三层楼高的巨兽的对手。所以，你需要你的恐龙朋友来为你战斗。

---

[1] 附加提示：用被你打败的另一头恐龙的皮做成鞍辔武装你的坐骑恐龙。
[2] 至少要距离你的时间机器 1 史前里远（合 16.3 人类里），以免你的时间机器被踩碎，或是将一头雷龙传送到克里夫兰。
[3] 你带了绳子的，对吧？什么都带了的吧？
[4] 绳结种类以及如何打结，见《美国童子军手册》。大陆可以参见各版本的《怀斯曼生存手册》。——编者注。
[5] 恐龙的大脑当然很小，因此，记忆时间也很短。也许你得花好几个小时重复以上步骤。

- 让你骑的这头恐龙靠近你想揍的那头恐龙。

- 高喊"混账恐龙，我要挑战你！"之类的，这样你的恐龙就知道下一步该干什么。

- 看着你挑战的那头恐龙的眼睛，确定它不是你的恐龙的朋友。否则你可能就得和两头恐龙进行一场笼斗，口号大概是"两头恐龙和一个人进去，两头恐龙满意地出来"。

- 下注——这是地下格斗，把钱扔圈子里就行了。一旦开打，下注结束。这就是规则。

- 看你的恐龙是否转头就逃。如果它逃了，你也跳下去。见"疯狂逃命"。

- 如果你的恐龙准备开打，告诉它你会拿着纱布和水在角落里等它。然后跳下去。同样见"疯狂逃命"。

- 如果你输了：小声祈祷（向任何你所信仰的体系，并配合动作），感谢你的恐龙用它的牺牲换来你逃命的机会。

- 如果你赢了：收拾战利品。用被打败的恐龙的皮给你的恐龙做盔甲，这样就可以打败更多的恐龙，收集更多的恐龙皮，一路打进拳王争霸赛。

和恐龙共同生活

有一个丑陋的事实你必须意识到：无论我们推荐你收集多少大便 [1]，在史前时代修复时间机器都是几乎不可能的。如果是这样，那就住下来，因为你必须在这个新的时代生存下去。

住所

你不会想生活在地面。绝大部分情况下都是越高越好。大型食肉动物可以达到三层楼甚至更高的高度，为了躲避它们，你肯定想要比它们高。更高。继续爬。好了。建一个工具屋吧，你可以存放你自己手工制造的锯木圆锯、斜切锯、车床、锤子、钉子，这些都是用你自己开采出来的金属矿（见"史前时代：修复时间机器"章节）在附近的火山里冶炼而成的。然后去树林里逛逛，随便砍些树用作木材 [2]。你需要一套轮滑系统把板材运回树屋，还需要一把梯子，所以去慢慢建造吧。如果你没有带绳子，那么，你的巨型邻居们肚子里倒有不少天然的捆扎材料。事实上，我们说这个话题的时候——一个空的恐龙躯壳也可以作为一个不错的穴居住所 [3]，只要你会鞣制皮革，并排出臭气。如果你神经纤细，就看"史前时代：庇护所"。

食物

习惯恐龙肉。杀死一头恐龙基本上就可以吃一辈子了 [4]。至于蔬菜，看食草动物吃什么，找到可能不会毒死你的那些。见"史前时代：食物链"章节。

交朋友

就像世界上所有吃素的人一样，生存的关键在于与自然和谐相处。和食草

---

[1]　见"生存指南：史前时代：修复时间机器，建造你的非化石粪石电池"。
[2]　这个时代没什么工业：利用木材吧。
[3]　你以为它们只是从外头闻起来恶心吗？
[4]　做个棕榈叶冰箱。所用技术和制作椰壳收音机等有用的小家电是一样的。

动物一起出去逛逛。学习它们的风俗。尝试投喂幼崽，看能不能作为宠物饲养，或者你可以把它们身上有毒腺体揪下来泡箭头。任何不能和你和谐相处的东西都最好是死的，或者生活在另一片你不会去的丛林里。遇见的话务必射杀。

如果你看到上帝骑着恐龙

追上他，尖叫。他应该能展现神迹把你送回你自己的时代，当然要等他把世界上所有的"龙"都变成化石沉入地下之后 [1]。别跟他说你的时间机器——虽然好像有点大不敬。

寻找在史前时代走失的人

好消息是，如果你在史前时代看到一个人，那很可能就是你要找的人。坏消息是：你的地图可能不正确，你回到越久远的过去，时间旅行的准确性就越低，你的朋友或真爱很可能还没有厉害到能在那种恶劣环境下生存，否则他／她大概一开始就根本不会被困在"失落的大陆"上。不管怎么说，以下是成功营救的关键步骤：

1. 看时间机器外面。看到你要找的那个人了吗？如果看到了，就进行第二步。如果没有，就进行第三步。
2. 跑出去，抓住那个人，回到时间机器里，马上走。恭喜你，救援成功！以下步骤你都可以不看了。
3. 放弃。那人死了。
4. 失去了亲爱的教授、时间旅行的父亲或灵魂伴侣，你感到痛彻心扉生不如死的震惊。告诉你自己短时间的位移是不可能的，你那超级英雄般的真爱已经被困住、被追逐、被袭击、被制伏，而且被食草动物吃掉了。
5. 感受到失去带来的痛苦。哭。收集泪水作为将来的饮用水（若被困的话）。

---

[1]　并不是要挑战任何人的神创论信仰。谁知道呢——说不定是对的。

告诉你自己，如果你是个更有天赋，行动更敏捷的时间旅行者，更好的学生/儿子/女儿/灵魂伴侣的话，你那走失的同伴就不会死了。

6. 出于负罪感，在史前生物头上发泄你的愤怒。注意不要乱扔某些把手免得砸坏了你的时间机器，或是误杀了对历史有重大影响的东西。尝试和上帝讨价还价要回你的真爱。上帝不回应你的时候——反正不是第一次了——就在狂怒中尖叫哭泣。尝试拟订一个计划，回到过去阻止你的真爱变成史前大餐。

7. 你意识到自己不够聪明，尽管你有穿越时间的工具，尽管你童年的暑假曾学过骑马，却依然无法回到过去从恐龙口中救下一个人，于是你陷入绝望。回忆你和那个人在一起的快乐时光，然后意识到你正孤孤单单地在这个疯狂混沌的史前世界里。

8. 通过收拾时间机器来走出绝望，决定继续生活下去。检查所有仪表，思考将来。或者过去。随便啦。

9. 失去那个人之后，重建时间机器及生活计划。意识到恐龙也没有错。意识到你依然要进行时间旅行相关的事情，比如回家，或者造树屋。

10. 接受这个结果，恐龙赢了，时间不等人。感觉到新的希望，也许时间旅行并不是徒劳，你可以做一些好事——比如在现代以天价倒卖恐龙蛋。

食物链

你根本不在食物链上。你就是食物链门口小卖部保安处的一个小污点。你跑得慢，听不清、视力差、嗅觉几乎没有。你穿过丛林的时候，发出的噪声就好像八年级的音痴乐队来了。要说的话，连植物都能吃了你，而你却什么都吃不了，包括浆果。浆果都进化了几百万年，如果你看了看浆果而没被毒死，你真是幸运到家了。希望你带了士力架。

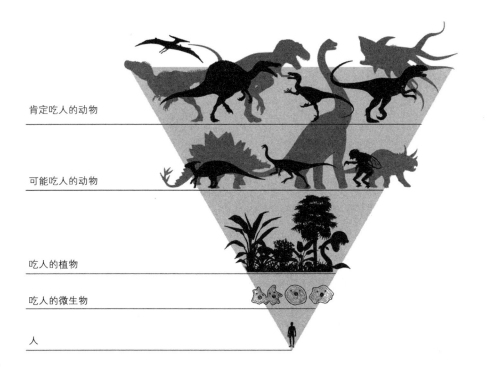

肯定吃人的动物

可能吃人的动物

吃人的植物

吃人的微生物

人

海洋

你在海边搞什么啊？不许在海边。理由有三：

1. 尼斯湖水怪

2. 更大更白鲨

3. 食人蛇鳄

还可见"史前时代：疯狂逃命"。

大便

好处:

微生物产生电能:见"史前时代:修复时间机器:制造你的非化石粪石电池"。

隐蔽及伪装(见下文)

动物粪便可以很好地掩盖你的哺乳动物臭味,也就是说像熊孩子追冰激凌车一样追你的大蜥蜴会减少很多。但是注意:并不是所有的粪便都好用,请谨慎选择。

食肉动物的粪便

这种粪便可以吓退大型食草恐龙,但同时其气味也是划分领地的标记。比如,霸王龙的气味很可能引来情绪激动的跛脚异龙来通过武力展示肌肉力量。如果是交配季节,我们知道这日子总是那样,雌性粪便的味道可能引来"性"致勃勃的雄性。

食草动物的粪便

和食肉动物相比,气味不太刺激,纤维较多,食草动物的粪便可以让你在大部分食草动物面前隐身。它们的排泄量大且频繁,沾上一层梁龙粪便意味着你基本上就跟它们脚下的土地一般无二。如果是这样,记得千万跟紧兽群:数量多才安全。你跳进粪堆就是为了避开某些尖牙利齿的注意,如果落单你就是在主动邀请它们了。好吧,有一件事叫做"体面地被吃掉"。

坏处：虫子（见下文）

巨大而恐怖的虫子。大堆的粪便意味着更多热爱粪便的虫子。如果你全身都是粪便，逻辑上来说，结果也挺惨的，尤其当虫子想吃了你的头的时候。对它们来说那是酥脆可口易消化的。

庇护所

山洞

和传统观点不同，史前时代山洞都已经被占据了。所有的 [1]。它们是史前的曼哈顿高楼大厦。你以为你是第一个想躲雨、躲冰川期、躲陨石撞击的生物吗？相信我们：山洞都被占了。而且真的特别特别黑，黑暗中任何东西都会想吃了你。你懂了吗？别住山洞。

---

[1] 不过还是可以利用美味的恐龙尸体自己造一个。见"生存指南：史前时代：恐龙：和它们共同生活"章节。

植物

树和大型植物也可能被想吃你的生物占据了。在树下有汽车大小的千足虫，树上有脾气暴躁的巨型鸟类和飞行恐龙守护它们的蛋；树里头——有洞：见上文。睡在史前植物上或中：它，也可以吃了你[1]。

不要离开你的时间机器：

看窗户外面，可能你应该回答如下问题：

1. 有没有滴着口水的巨兽准备扑向我？

2. 时间机器有没有位于两排利齿或某些房子那么大的东西之间？

3. 我的时间机器降落时，有没有压碎某些蛋、巢穴、家园、幼患或其他类似事物？

4. 我是否在沥青坑里慢慢下沉？

5. 我是否花了五分钟时间盯着时间机器的厕所，以为那边是窗户？

如果所有答案都是"否"，那么出去可能相对安全[2]。而在史前时代，相对安全就是不安全。你的时间机器就是你的家，你的屋子，你返回有薪水有战争的文明时代的唯一途径。

如果你的时间机器无法操作了，见"史前时代：修复时间机器"。

修复时间机器

如果你的时间机器完全密封了[3]，不管它出了什么故障，只有一个办法可以快速解决：用电流引爆。想要打开虫洞回到某个有修理材料的时代，唯一真

---

[1] 更多可用来安居的树。见"生存指南：史前时代：恐龙：和它们共同生活"，我们建议住在植物中，尽管它们可能吃了你。

[2] 如果4的答案是"是"，那你应该无视其他安全方面的考量，立刻离开时间机器。请注意：如果本书被沥青沾脏了，那么收据无效。本指南将不能再作为浮动设备。

[3] 如果你的时间机器不是密封的，那么可以尝试用泥浆密封。如果你在里头没被烤熟，请通知我们。我们将把这一选项作为实用解决方案，写进下一版本的指南中。

正需要的就是给你的机器充电。

电力。在史前时代供应非常不足，无畏的时间旅行者会这样想。但是那位无畏的时间旅行者错了。事实上，在动物肠道内发现的微生物可以发电。我们对此进行过研究——这是科学的 [1]。

肠道微生物存在于——没错，你猜对了——动物粪便中。而你手头最充足的是什么？恐龙粪便 [2]。

建造你的非化石粪石电池

坏消息：虽然可以制造巨型恐龙粪电池，并提供逃离史前时代的单程旅行所需的能量，但你需要很多很多很多的粪便。能提供 1.21 千兆瓦的能量来打开虫洞的粪便量，大约是 600000000 升 [3]。

线缆也是必不可少的。如果你带了，那挺好。如果你没带，就去采矿吧。祝你好运。然后按以下步骤操作：

1. 从时间机器里拿出铜线和钢缆。这些你都有，对吧？（分币和镀锌钉子也行。）
2. 收集 600000000 升粪便，最好取自同一种动物。我们等你。
3. 把粪便紧紧地打包，好方便产生电流。吃饭前记得洗手。
4. 把钢缆插在粪堆的一端（这是阴极，也就是电池的负极）。
5. 把铜线插在粪堆的另一端（这是阳极，也就是电池的正极）。
6. 将两端的电线连接到你的时间机器电池上，但是不到你整装待发那一刻千万别接上去。
7. 站在你的时间机器里头，最终完成接线 [4]。
8. 你还站在恐龙大便堆旁边吗？没成功吗？

---

[1]　是基于牛粪的科学。对于灭绝已久的远古大蜥蜴粪便还只是猜测。
[2]　科学家倾向于使用"粪化石"这个词。但是技术上来说，粪化石是化石，所以出于我们的目的，本书依然使用"粪便"一词。
[3]　你可能需要两年时间来收集这么多粪便。我说，你到底还想不想回家？下次把时间机器造结实点。再说，我们面对现实吧：你还有更好的选择。（见"生存指南：史前时代：骑乘恐龙"）
[4]　如果你搞砸了，你的时间机器跑了而你却留下来，我们会写下警示性的一章，描述你恐怖的、不可名状的死亡。

没有成功

抱歉。

备选方案：

1. 把时间机器移动到一片开阔地中间。
2. 用所有的金属做成一个很长的柱子。
3. 把这个柱子竖起来。
4. 将柱子连接到你的通量电容器电池上。
5. 满怀希望地等待闪电击中你。

运气好的话你就能回到历史上某个有冶金术的时代。如果这两个方案都失败了，你大概需要休息一下，现在是鲁滨逊漂流时间。

疯狂逃命

放弃时间机器。拿上猎枪。忘了大便 [1]。在史前时代，任何情况下，包括遇到食草系居民，你最后的、最好的选择就是跑。

---

[1] 见"生存指南：史前时代：粪便"章节。还可见"生存指南：史前时代：修复时间机器，建造你的非化石粪石电池"章节。

我们已经警告过你了——你很可能难逃一死。但是至少你死的时候肾上腺素水平很高，而且创下了随便什么距离的个人长跑最佳纪录（感谢你的跑鞋吧，我们无数次提醒你要穿跑鞋）。在你临死的时候——当香蕉那么大的利齿扎进你的肉里，你的骨头崩裂刺进你自己的肌肉里，你连内脏和血都分不清了——这时候你肯定不希望自己想的是"该死的高跟鞋"！[1]

如果你不认为自己擅长跑步，那就回你的时间机器，阅读"史前时代：庇护所，不要离开你的时间机器"章节。

---

[1]　研究表明，在濒死时，想"哇~"的人，比想"天，我太蠢了"的人要心满意足得多。

在各时代生存：人类的黎明时代

公元前 258000000—公元前 3300 年
（挥舞着铲子的暴力穴居人至挥舞着长矛的暴躁部落）

怎样判断是否处于人类的黎明时代

- 沥青坑
- 哺乳动物
- 死去的恐龙
- 几块大陆
- 穴居人
- 类人猿（尚未进化）
- 没有文明
- 没有骑士精神
- 没有基督教

你需要带的东西

- 本指南

- 火魔杖
- 跑鞋
- 洗换的袜子
- 一袋土豆
- 令人印象深刻的技术，比如打火机
- 时间机器的备用电池
- 备用时间机器

简介

在恐龙灭亡和相对可以忍受的哺乳动物兴盛之间有一段应该尽可能避开的时间。这段时间主要包括：巨大的陨石、漫天大火、数百年不见阳光令人窒息的黑暗。不过一旦熬过这段，人类就崛起了。部落生活，发明早期工具，最初几种做爱的姿势，都快出现了。幸运的是，火还没流行起来，也就是说，你很快就将看到，这是你求生存的重要优势。

在人类的黎明时代，虽然不再有巨大凶猛的爬行动物，但你可利用的资源以及克服蛮荒的自然环境的可能性其实和史前时代一样低。总之别屈服，保持体毛浓密（既是保暖也是伪装），保证你的时间机器运作良好，总有一天你能边吃冰激凌边把这个恐怖的故事讲给孩子们听。

沟通

人类祖先的沟通方式基本上有以下三种。

1. 呜噜呜噜
2. 肢体语言
3. 展示主权

　　这几种沟通方式有可能，且经常，混在一起使用。如果不想在睡觉的时候脑袋被锅敲，或者皮被剥下来做成别人的衬衣，你最好精通这三种沟通方式。

　　奇怪的是，大家普遍相信中新世至新生代及此后的穴居人，事实上，都会说几句英语。科学家尚未确定其原因，但时间旅行很可能是罪魁祸首。有一个说法是，1960 年有个短命的情景喜剧，名字是《时间到》，由于预算不足无法搭建摄影棚，于是全剧组去了渐新世，并在那里拍完了全剧。当时，在工会认可的午餐休息时间，剧组成员糟糕的英语被绝顶聪明的尼安德特人学走了。

　　此事，毫无疑问，意味着早期语言其实是由很糟糕的英语发展而来的，而现代英语其实也基于糟糕的英语，这就需要花上很长的工夫来解释，为什么在 12 至 21 世纪期间，英语在语言学上非常狭隘，而在文化上却很有说服力 [1]。

　　穴居人可能会试图用很糟糕的英语和你交流，有些人词汇量挺大。但是时空管理事务所强烈建议去往人类历史初期的旅行者采用上文的三种交流方式，因为任何进一步扰乱人类语言学发展的行为可能会造成巨大的麻烦，而且会把你在尖叫中送回第 6 章——届时它将由某种全新的、无法理解的语言书写，且字体更难看，让你的困境雪上加霜。

咕噜咕噜

　　最好不要把咕噜咕噜当作一种语言，请把它视为和你的狗或配偶的交流。你咕噜咕噜、尖叫、哼唧组合起来，不太可能被理解为"请暴力地脱我的衣服，把我咕吱咕吱了"（并不是说他们不会咕吱咕吱别人）。史前时代人类的语言不太文雅。

　　基本上，你咕噜咕噜表达出来的主要是情绪和态度。如果你的咕噜咕噜声低沉而愤怒，穴居人可能会害怕你，或者不愿意和你分享他们的猛犸肉。如果你的咕噜咕噜声又高又尖，穴居人可能会强迫你趴着喝他们的奶。

---

[1] 举个例子，当不跟在 "C" 后面时，"i" 都应该在 "e" 前面，事实上这个规则是两个部落之间的一个临时和平协议。当时交易的一部分是交换丰满的少女，但其实和语言没什么关系。

总之要记住，即使是面对早期人类，本能反应依然最可靠。穴居人处理问题其实和他们进化后的同胞们一样：恐惧加暴力。确定你的咕噜咕噜声能弥补穴居人理性思考上的不足，至于是不是该后悔安抚／激怒／刺激他们，就看当时的情况了。

肢体语言

不要把它视为古老的手语。指点、挥舞或其他任何简单的肢体语言交流对穴居人来说意思完全不同，你最不想要的结果就是伸出毫无防护的胳膊，然后被一把铲子拍烂，这是早期人类对突发动作的典型反应。

肢体语言是由你的身体表达出的你的意思。穴居人不擅长精明的事——你不会看到拿破仑那么高的部落领袖，或者穴居人投票权什么的。那时候是最强壮的人说了算，最弱小的人被流放或者被当作牙签。

因此：让你自己看起来高大。基因上来说，人类确实越长越高了，但是光是高也没用。在进入穴居人部落之前，我们推荐每天吃两个生鸡蛋，喝蛋白奶昔，坚持在私人教练指导下锻炼三个月。或者彻底放弃节食，放弃锻炼。彻头彻尾

"我来是为了偷走你们的女性，吃掉你们的孩子。"

"为表达我的弱点，请收下这只手，并把它当作战利品戴在头上。"

"为表达我的弱点，请收下这个头，并把它当作战利品戴在头上。"

"嗨！今天过得好吗？"

穴居人的日常肢体语言翻译

地胖起来也挺好，穴居人说不定会把你当作猪神。

大脚怪服装也是解决这一难题的好办法。但是要确保谁都不去摸你那海绵皮肤，也不去为了其他种类的肢体语言而去掀你的衣服。对，这样就挺好。

展示主权

大块的肌肉，生发剂泡澡，正确地发出喉音，这些足够让穴居人相信你是基因上更优秀的同类。但是被部落接受并在他们中自由行动，还需要更恶心的东西——当然不是让你去吃你邻居毛皮里长出来的拳头打的虱子。不过这也是有可能的。

其他有助于展示主权或应该用来展示主权的方式有 [1]：

- 在徒手搏斗中杀死敌对的穴居人。
- 在徒手搏斗中杀死穴居人部落首领，于是你就成了新首领。
- 勾搭上最漂亮的女性穴居人或男性穴居人。[2]
- 独自杀死一头猛犸象，并把它分给整个部落。
- 发明农业（如果你有业余时间的话）。
- 最好，当然也是首先，最为推荐的展示主权的方式是……火。

火

火是早期人类的生命力量，相当于寿司上的肥美生鱼片，在早期人类的食谱中，火不是食材却胜似食材 [3]。生火并维持火种能够让你在你选择的部落中自由出入，此外还有无数社会和生存上的好处：

- 温暖——火很热。
- 煮肉——猛犸肉很硬，生吃筋也很多。

---

[1] 为展示主权而拿出你带来的当代技术（比如你的时间机器或者苹果手机）是最不可取、最易引起恐慌的行为，只允许在恐慌的时候考虑该行动。绝望之举可能会分散穴居人的注意力，也可能引起他们的兴趣，他们可能会在嫉妒和恐惧之余，彻底破坏你的东西。
[2] 见"生存指南：人类黎明时代：我可以和他们交配吗？"
[3] 火不是食物，穴居人也不太聪明，而你正好可以在绝望之时骗他们相信火可以吃。

- 黑的时候 [1] 可以照明——有时候确实很黑。

- 恐吓食人大猫或者追踪而来的敌对部落——他们可能嫉妒且愤怒。

- 神化——你自己。

最后一项可能是最重要的：取决于当时的穴居人的进化程度，火很可能还没被发明出来。即使已经发明出来了，他们也可能还不太会生火 [2]。将火呈现给穴居人的方式取决于你——但要看当时你有多惨。

如果你的人身安全：未受到威胁；

或你的旅途：遇上的穴居人基本可教化；

那么你应该将火呈现为：一种知识。

- 教穴居人生火的好处是，你的知识，以及你接触危险事物的勇气会立刻受到尊敬，同时他们会表示自己也会烧东西，并平等对待你。

- 教穴居人生火的风险在于，如果他们还没准备好用火（这是你用知识炸弹炸开他们坚果脑壳的唯一办法），火还没被发明出来 [3]。你很可能加快了人类技术的进程，神圣罗马帝国的教皇可能死于一部 iPod，天启则提前了好几百年 [4]。

- 还有一个风险是，一旦你教会他们如何生火，穴居人就会发现你其实非常没用，于是伤害你的身心，把你流放到蛮荒世界去，你可能过不了三小时就死了。

记住，采取这个方法的话你必须真的会自己生火。不能用打火机，不能用罐装丙烷，不能用火柴，更不能烧了这本书：你只能使用可以在早期人类生活的自然环境中找到的东西 [5]。

如果你的人身安全：受到威胁；

你的旅途：遭遇了危机；

你应该将火呈现为：一种魔法。

- 将火以魔法方式呈现给穴居人的好处是，你会被视为神。你甚至会被引入他们关于神的概念中，从你的形象创造出神灵。这样就能争取不少时间，足够你躲

---

[1] 比如夜晚，或是洞内。但在永久或广泛的黑暗中火不太有帮助。
[2] 木柴制造商"永火"要到 20 世纪 70 年代中期才成立，所以很可能你遇到的穴居人没办法每个人都生火。
[3] "还没被发明出来"我们是指：生火并由人类维护火种的方式还没被发明出来。火当然不是一个发明，它是一个发现——数千年来它一直以闪电引起森林大火、火山岩浆引起草原大火，甚至灌木自燃的方式嘲笑类人猿们。人类并没有第一个放火，自世界诞生后，它一直烧着。
[4] 因此你应该考虑回到第 4 章，注定的悖论：可能你本来就应该教穴居人生火，如果不这么做，你很可能把人类的进化推进了黑暗、退步的深渊。文明方面则很可能有个没受过教育的世界领袖，用佳得乐给植物浇水：困了累了喝佳得乐。
[5] 如果你在过去使用了现代点火技术，然后某个人类学家凑巧发现了两百万年历史的芝宝打火机，他会疯掉的。

避、逃跑、使用神一般的力量说服穴居人帮你修复时间机器了[1]（并将其神化）。你还可以选择性伴侣。

- 将火以魔法方式呈现给穴居人的风险在于，你会将自己和他们分隔开。你永远不能成为穴居人的一份子，而你的跨种族艳遇也就只能泡汤。而且正如之前说过的，穴居人对自己害怕且不理解的事物往往报以愤怒和暴力。一旦你的打火机和便携丙烷烧烤架不能再次产生神圣的火焰，穴居人就会把这些东西偷走，拿你的脸把它们砸烂——这只是时间问题。

有关用火安全的额外警示

火很烫！生火的时候务必小心！用岩石质地的火塘或火圈保存火！用水或尿彻底熄灭明火和火星！不要用手直接接触火！火很烫！！要注意切勿自身着火，万一你着火了，要躺在地上，滚来滚去，以痒痒草或擦伤来分散注意力，忘记灼热的疼痛和三级烧伤！在身上涂猛犸粪便！！如果猛犸粪便无效，则尝试用水！只有你才能扑灭史前森林大火！而史前森林覆盖了全球！如果你在文明出现之前就烧毁整个星球，那你简直就是纵火犯中的专家！请学习一些不要引起森林大火的前期经验！推荐《用火安全勋章》！我们不是在又喊又叫！这只是安全警告的正确格式。你不觉得这是你获取信息的唯一途径吗？火很烫！

庇护所

在人类黎明时代，洞穴和树都比史前时代安全了不少——但是仍有奇怪的食肉生物，以及奇怪的哺乳动物，任何东西一靠近它们的幼崽，它们就想掏人家内脏。

洞穴比树上略微更适合居住。因为洞穴已经成形了，而且能够更好地抵御恶劣天气和马蜂。

如果你和部落关系很好，或者被部落当成囚犯，你就有机会住在洞穴里。如果你独自一人住洞穴，那说明部落的人很快就会回来，或者那个洞穴不安全。

---

[1] 见"生存指南：人类的黎明时代：修复时间机器"章节。

选择你的庇护所时，务必要做长远打算[1]。如果你想定居下来，并在人类的黎明时代活得开心，你需要考虑多洞穴及其周边的诸多因素，包括洞穴深度、地下怪兽藏匿其中的可能性，附近的火山活动情况，还有悬崖，万一你意识到人类黎明时代的生活其实极端糟糕，那你很可能跳下去[2]。

我可以勾搭他们吗？

身材结实，非常健美，不经打理的狂野发型，基本可以直立行走，每天都一丝不挂地工作——虽然严格来说他们还不算智人，但穴居人已经不再是猿类的外形，而你会发现自己被深深吸引了。但同时，他们其实依然十分接近猿类。如果你没有啪的一下合上本书，厌恶地把它扔掉，你还在继续看，那么你很可能会想知道以下两件事：

可以吗？

安全吗？

都是很模糊的问题。而它们模糊的答案则取决于你对"可能"和"安全"的定义。

如果你所说的"可能"是指："我中意的穴居人男性或女性从解剖学上来说是否适合我？"答案是肯定的。但如果"可能"指的是，你眼前一亮，看到某个3/4人类，1/4猿猴版罗·费里格诺混合体的美女，真心的，还是算了吧。

至于说"安全"，你一定要记住，穴居人你任何一个力量型的前伴侣都强壮也更具有攻击性。穴居人和穴居人做爱多半就像排球运动员一样。如果你恰好是攻击型的人，那就不必介意一点点没处理好的体毛了，你不会拒绝的。但是，穴居人生活在人类的合法年龄之前，比骑士年代还稍微早一点，所以他们中有人被你的胸肌吸引的机会非常小。

无论哪种情况，你都会受伤。好消息是，穴居人不会弄死配偶。坏消息是，伤痕是永久性的。

---

[1] 当然，此处所说的"长远打算"，指的是"你的时间机器损毁，你流落到历史的大肚兜上的时候，笨蛋"。
[2] 在人类黎明时代不存在的东西：该死的肥皂！祝你好运，你得坐在已被证明物理上永不消散的失败阴云和自我厌恶之中。

选择洞穴时需要考虑的一些因素，无论长期还是短期都需要：

大小——要有足够的空间伸腿，可能还要有足够的空间养育你的穴居人小孩，但是洞穴太大就意味着有其他大东西想要住进来。

位置——附近有没有适合藏匿时间机器的地方？有干净的水源吗？周围学校好不好？搬进去之前要考察周边的配套设施。

前任住户——他们会不会回来？如果他们回来了，而你还在他们家里，你就得赶紧生个火，假装自己是神。但是别装过头了，否则他们会用长矛捅你。如果他们再也不回来了，你就要问问自己他们为什么要走。他们是游牧民族吗？周围没有食物吗？这是个粪坑吗，他们在这里大便？

装修——在山洞里挂东西不方便，但是大部分穴居人首领还是允许你在墙上画画，只要你把自己画成火柴人，粗略地解释一下自然和太阳信仰就可以了。另外你必须让你的生活空间离洞口足够远，这样才能远离自然环境，并且不被外头的东西看见。不过也不能离洞口太远，否则会迷路或遇到炎魔。

景观——你的山洞外面有景物吗？美丽的景色是无价的 [1]。

其他——别把时间机器放在山洞里。但是如果你要放弃某个山洞，你也不得不放弃时间机器。最好是把你的时间机器藏在一大堆树叶下面，或者其他某个很明显的地方，因为越是显眼的地方，智商低下的穴居人越不会去看。

修复时间机器

大家一度认为在人类黎明时代不可能修复时间机器。因为猛犸象尽管体型巨大，但是排泄物却远不及恐龙多。收集猛犸象粪便的办法不可行。

但是有一位时间旅行志愿者——大家以为他永远回不来了，于是短暂地哀悼了他一下，等到午餐时间就迅速把他忘了——却从这个严苛的时代回到了时空管理事务所总部，尽管非常憔悴，尽管被人揍了，尽管臭气熏天——但还活着。

---

[1] 除非你到人类黎明时代只是为了躲飓风，或者你想吓退食人族部落。啊，没错。有时候确实有食人族。大部分时候，你都不必操心景物，除非景物能帮你及早看到食人族部落。

他向时空管理事务所报告了自己建造的一种很复杂的串级式设备，该设备给他的时间机器提供能源，让时间机器达到了通过虫洞的必要速度，且没有用到放射性物质，或蒸汽引擎，或任何和粪便有关的东西。

有些人把他造的这堆乱七八糟叫做串级式……莫名其妙设备。但迄今为止，时间旅行者仓鼠鲁伯·戈德堡的方法是唯一一种把时间机器损坏的旅行者从人类黎明时代活着送回来的设备。我们不是说你也能成功，我们也不是说我们能够成功，我们只是说这种方法曾经成功过。至少，鲁伯·戈德堡做到了。

如果在人类黎明时代出现了紧急情况，以下插图和步骤会指导你建造一个鲁伯·戈德堡时间机器：

1. 和本地穴居人搞好关系。如有必要请神化你自己——如果他们相信你那

神明的怒火 [1] 能崩了他们的头，他们肯定都听你的。

2. 找一头长毛象，总之就是毛很厚的猛犸象，或者其他任何臀围很大，同时也很笨的动物。笨这一点很重要，臀围也很重要 [2][3]。

3. 找一座悬崖，最好超过一百英尺高。理想的地点是，悬崖上还要有一大片开阔地。你需要很大的空间。

4. 在本地穴居人的帮助下，你要修建一些东西。利用他们对于周边世界的知识找合适的材料，再利用你对于宠物玩具的粗略了解，建造十个能容纳一人的仓鼠轮子。

5. 你有现成的能容纳一个人的仓鼠轮子吗？没有？好吧，就随便问问。有的话就方便多了。

6. 你需要一些……非传统的组件。还记得你的猛犸象奴隶朋友吗？它有朋友吗？再捉一头猛犸象。叫你的穴居人朋友 a 把那头猛犸象赶下悬崖，b 把它刺死，c 把它按住，好让你剥几大块皮下来。

7. 把剩下的猛犸象作为信仰的标记交给穴居人。用你装神弄鬼的打扮去要求你的崇拜者们"牺牲"。你需要很多双脚，还有多余的袜子。

8. 割下一部分追随者的脚收集起来。但务必要留下一些人来转动仓鼠笼、帮忙干杂活或给你端茶倒水。

9. 给割下来的脚穿上袜子。把布的部分缝在鞋底上。

10. 给每一个大仓鼠笼子配备一个小一点的木轮，使用木齿轮（你只能自己做了），让大仓鼠笼在转的时候带动小轮子转动。

11. 把穿袜子的脚连接到小轮子上，脚要露在轮子外面。

12. 取一些猛犸皮（带毛的），将其拉伸至两只脚之间的长度。把猛犸皮蒙在靠近人脚轮子的位置，这样当轮子转动时，脚就能摩擦猛犸皮，产生静电。

13. 将你的导线插进每一只脚里，并在轮子中心连接所有导线。把导线最

---

[1] 细心的时间旅行者应该注意"神明的怒火"一词，联系本指南的上下文，该名词指的是和 12 铅径的猎枪相当的火力。

[2] 用于衡量臀围的尺度是：一头猛犸象的臀部约等于三个詹妮弗·洛佩兹的臀部。

[3] 对脚注 [2] 的补充：我们 23 世纪的读者：詹妮弗·洛佩兹是 20 世纪末至 21 世纪初的一位歌手兼"演员"，其标志性的特征就是极富魅力的，而科学上却无法解释的臀部。另一种衡量方法：一头猛犸象的臀部约等于一万六千堆芯熔化前的地球磅。

终连接到你的时间机器的电池上。

14. 每个人形仓鼠笼都如法炮制。

15. 让穴居人转动人形仓鼠笼，带动人脚轮子转动，从而在猛犸皮毛上产生静电。这需要跑上很久很久，因此要以帮助他们用火，送给他们猛犸肉，或神明之怒 [1] 来说服他们一直跑。

16. 当你的穴居人朋友忙着为你的回程之旅发电的时候，你要想办法让时间机器达到 88 英里 / 时的速度。还记得你最先捉住的那只猛犸象吗？确保你的原始人朋友没吃掉它。

17. 再捉一头猛犸象。

18. 让你的崇拜者们牢记，吃你捕捉到的动物是大错特错的。告诉他们，神圣的动物不可食用，并解释"神圣"一词。

19. 建造一个猛犸象围栏，围栏的开口方向朝向悬崖。确保猛犸象除了掉下悬崖以外哪儿也去不了 [2][3]。

20. 给你的猛犸象造一副挽具。

21. 绳子须用藤条、猛犸象韧带或其他任何坚固的东西制作。用绳子把你的时间机器连接到猛犸象挽具上。

22. 造一副牢固的 Y 形支架，要足够撑起你的时间机器。把挽具上的绳子也绑在支架上。

23. 将主要导线连在你的电池上，在较远的地方放一堆容易点燃的干柴火。

24. 从预计的点火地点牵一根绳子连接到挂在另一根绳子上的另一块木柴上，确保绳子松开的时候木柴往前掉。

25. 让你的穴居人朋友使用石器时代的工具切三百块骨牌形状的石板。这些"石板"也可以是骨牌形状的木板。

26. 那块木柴的救命绳子烧断之后，它掉下去的方向，在那里放下第一块

---

[1] 见上页脚注 [1] 。
[2] 此处可能包含了额外的步骤——在猛犸象围栏周围增加老虎围栏，并捉老虎。不过还是由你自己判断。总之要确保猛犸象绝不会产生冲破围栏的想法——要让这个计划成功，它必须跳下悬崖。
[3] 对 [2] 的补充：作者并不认可该计划或其他类似计划。

骨牌。

27. 剩下的 299 块骨牌按顺序放好，确保它们依次倒下[1]。

28. 放好最后一块骨牌，它倒下去的时候必须压断一根绷紧的绳子，这根绳子应该连接在一副绷紧了的弓箭上。

29. 从本地老虎的游乐场、托儿所火车站里绑架一只小老虎。用猛犸肉或糖当诱饵都可以。

30. 把小老虎用一根绳子吊在树上，拿挽具固定住。那副弓箭要瞄准吊小老虎的绳子。

31. 吊起来的小老虎会引来老虎妈妈，所以要确保小老虎吊得足够高，老虎妈妈们够不着它。

32. 当弓箭射断绳子之后，小老虎应该正好掉进下方的投石机里头。小老虎掉下来会吸引它妈妈的注意。

33. 绑几根绊脚绳在投石机旁，这样，当老虎妈妈靠近小老虎的时候，就会被绊倒。

34. 这些绊脚绳应该连在投石机的发射装置上。

35. 投石机的发射装置必须能够通过绊脚绳触发投石机[2]。

36. 投石机要瞄准围栏里猛犸象那庞大多毛的后背。

37. 把投石机放在大石头旁，这样，当投石杆弹回去的时候就能推动旁边的石头。

38. 将石头放在一条沟里，这样它就能滚到门边，而那道门是为了阻止老虎追你的猛犸象。

39. 造一个门闩，这个门闩必须能被石头撞开。

40. 然后门就打开，让老虎妈妈全速冲向被绑架的小老虎和不明所以的猛犸象，猛犸象此时正在奇怪为什么有个小老虎落在自己屁股上。

41. 从你自己的时间机器上盯住猛犸象，它正又痛又迷惑，接着就跳下悬

---

[1] 科学上的分类使用了一个难以理解的名词："多米诺效应"。
[2] 我们不用把什么事情都列出来吧？别抱怨我们没有从最基础的木工活开始讲解机械工程，自己去做就行了。

崖躲避老虎去了，而老虎其实只是想救小老虎，根本懒得管猛犸象。

42. 考虑时间机器的重量和空气阻力，计算你的时间机器在自由落体过程中加速到 88 英里 / 时所需的时间。

43. 当猛犸象在下落时拉直绳索的时候鼓励你自己，它会猛地一拽，把你和你的时间机器拖下悬崖。

44. 等你的时间机器加速到 88 英里 / 时，在那一瞬间，启动你的通量电容器，打开虫洞。

45. 回到你自己的时间 [1]。

成功了吗？

没成功。

非常抱歉。

1. 小心翼翼地打开你的时间机器的门（假如时间机器尚未损坏，你本人也没有损坏），爬出来，小心避开周围那一摊猛犸象的内脏。

2. 在人类黎明时代过开心点吧，当个备受景仰的神。好好保存你的神明怒火，真正需要的时候才用。

3. 把人家的脚还给人家。

---

[1] 好吧，我们承认，这整个过程看来挺可疑的。戈德堡先生，他显然是个天才，是个动画迷兼念书的时候是个学霸——1904 年。我们没机会去尝试这个办法（任何人都没有，可能是由于在人类黎明时代很容易扮作神明的缘故），所以我们不知道这个办法究竟有没有用。如果你非常绝望，绝望到不惜砍下尚未进化完全的人类的脚，那就去试试吧。

在各时代生存：帝国时代

公元前 3300—公元 400 年

（不穿衣服的人类献祭至穿长袍的战争狂）

怎样确定你在帝国时代

- 帝国
- 战争
- 奴隶
- 恢弘壮丽的纪念碑
- 体毛稀少
- 原始的航海技术
- 早期的、遮蔽不完全的服装（通常就是床单）
- 珠宝
- 出现了国家

你需要携带

- 本指南

- 火魔杖
- 跑鞋
- 床单
- 备用时间机器电池
- 备用时间机器

介绍

异教，罗马规矩，巨型神话生物——欢迎来到帝国时代，文明正跨越已知的世界去拜访邻居，杀害兄弟，在邻居们的镇上插自己的旗子，让邻居们相信帮忙修建大型纪念碑有利可图，主要说服方式是——如你猜测的一样——杀害他们。

这个时间段里有很多要学的东西，它包括了城邦扩张，从苏门答腊到蒙古再从蒙古到苏门答腊的各个小国。和其他时代一样，这时段也有很多危险，但这是人类有意识地让你生活艰难的第一个时代。黄金统治一切，民主和法律还是单合体的精子，游离在社会那青春期前的生殖器官里，很多时间旅行者被迫加入修建世界七大奇迹的苦力队伍，然后再也没有回来。

这个时代的疾病能够害死你，动物能够吃了你，人则肯定能杀了你。请计划周全。

而同时，这时代有很多帝国可选，每一个帝国都有自己的人牲献祭习俗和清理自家大便的方法，为简洁起见，我们集中关注最重要的几个国度：埃及、罗马、希腊、中国，间或提到玛雅和阿兹特克，以及文明的摇篮度假胜地。

混入人群

混入你精心挑选或不幸闯入的帝国普通人群很简单，也很重要。假扮神明的难度增加了，因为你还需要火药、电和肥皂。也就是说，你最好就当"芸芸众生"之一：选个能发挥你长处并有业余时间的职业。万一你是个夜猫子疯狂科学家，绝望中一心只想修复爆炸的时间机器，回到有室内水管的时代，这一点就特别重要。

奴隶

阶级的最底层，其工作包括一切体力活，性方面的取悦（不是对你），以及一切你的奴隶主／总管要求的可怕的事情。尽量避免此阶级。

常见地：埃及、罗马、波斯。

不常见：玛雅／阿兹特克、希腊、中国。

- 选择本地居民和你本人长相差别不太大的帝国。
- 尽量和当权者搞好关系，避免他们强迫你成为奴隶。
- 不要抨击他们的长袍。
- 如果成了奴隶，要时刻注意接近金属及一切可以用来修复时间机器的材料。

但是，在闲暇时间靠近金属材料的机会非常少。

农民

比奴隶高级一点，但还是要干大量体力活。但是，拥有自由。

常见：中国、罗马、希腊、波斯。

不常见：埃及、玛雅／阿兹特克。

- 当你决定通过大量种植土豆来提供修复时间机器的电力时，当农民很方便。
- 需要一些时间旅行者所必需的技巧，这样才能避免"被关进金字塔和法老待在一起"[1]。

士兵

如果你是男性，并且恰好需要在帝国时代找一份工作，那要小心，在你避

---

[1] 但这也不算是坏事。见"生存指南：帝国时代：修复时间机器，坟墓时间机器"章节。

免成为奴隶的同时，很可能被抓进军队。事实上，进入军队只需要两个条件：（1）能够拿起一把剑，（2）当其他真正厉害的士兵战斗的时候，你可以挡住重击、刀剑和火[1]。

常见：所有帝国。

不常见：尚未被帝国攻占的乡下地方。

• 可以在帝国时代的平民中获得很大程度的尊敬和权力（由武力获得），进而可以避免成为奴隶。

• 士兵容易战死，这不好。

• 很难有自己的时间，因为要被迫去修城墙，没仗可打的时候还得和其他士兵分享战斗故事。

工匠 / 手艺人

有些人可以在帝国时代造些东西，而你，由于制造了时间机器[2]，也算是懂得制造。稍微懂一些工程技术、炼金术，或其他任何技术、交易和制造技巧，你都可以冒充铸剑师，而不至于被人拿剑捅死。

常见：所有帝国。

不常见：冷的地方[3]。

• 修理时间机器的时候被人发现也不怕了。

• 尽可能使用你懂的基本技能。

• 可以挣些钱。

• 如果想要知道你的时间机器什么时候损毁 / 被盗 / 填入长城里，你需要多掌握一些技能。

僧侣

适合时间旅行者什么都懂和预知未来的特性，随便哪个本地宗教的僧侣都

---

[1] 如果你发现面前有个大块头的士兵嫌弃地盯着你，那你的角色很可能和刀剑无关，更多是人肉盾牌。
[2] 如果不是你造了时间机器，就仔细观察你的时间机器，尝试使用推理演绎法搞清楚制造过程。如果你不懂推理演绎，就去请教苏格拉底。
[3] 就算绑个鞋带，暴风雪都会慢慢冻死你循环不良的指骨。

很容易赢得尊敬，而且干的活则只限于给神像打蜡和说些不知道重不重要的词句。

常见：罗马。

不常见：无。

• 受人尊敬。

• 不需要体力劳动，或其他任何劳动。

• 很容易解释你的时间机器是怎么回事。你的时间机器可以是：祭坛、王座、神像、一件你的（主）神（们）送给你的神圣之物。

• 记住：早在耶稣基督、摩西和 L. 罗恩·哈伯德 [1] 之前，宗教基本上就是靠猜和编故事，而且是多神论。如果挑战当时的宗教你立马就造出来一个新神 [2]。

• 有可能需要非常复杂的仪式，比如婚礼和其他场合，可能会需要极其隐秘的宗教知识。但万一你被发现是假僧侣就要去当奴隶了。

政治家

纵观历史，政治家的变化不大。基本上就是：一些人在屋里大喊大叫，没权力的市民和奴隶干自己的活。帝国时代亦是如此，因此你也可以当大喊大叫的人：只要受过教育（有可能）识字。所以我们再说一遍：如果你不赶紧学好拉丁文 / 玛雅文 / 文言文 [3]，就当不了政治家。处于困境的时候，记得展示你的智慧和悟性，比如砍个婴儿什么的 [4]。

常见：大部分帝国。

不常见：玛雅。

• 如果你管事的话，别人就不会奴役你，不会让你去开投石机，不用骑马，不用举着盾牌躲冷箭 [5]。

• 有可能遇刺而亡，但是这也算是一种辩论的手段。

---

[1] 1911—1984 年，美国人，科幻小说家，作品众多，代表作《地球使命》系列。同时也是个神棍。提出过名为"排除有害精神治疗法"的心理学说。还创立了"山达基教"，又名科学教——没错，就是汤姆·克鲁斯曾经信过的那个。
[2] 尽可能不要编耶稣，除非你是 L. 罗恩·哈伯德。哈伯德可以随便编。
[3] 见"生存指南：帝国：关键字"章节。
[4] 就是所罗门王干的那事儿，你懂的。那件事为他赢得"智者"称号。而你的称号还能更长一点："不懂外语而被困在过去的笨蛋。"不管怎么说，那些人在背后就是这么说你的。他们说的，不是我们。
[5] 除非你遭遇背叛，或者因倒行逆施被推翻。那就直接去当奴隶吧。

- 你的行为将受到严密监视（并可能遭到暗杀），这会阻碍你修复时间机器。

杀死怪物的传奇英雄

这是帝国时代最好（最差）的职业，任何时间旅行者到了对自己不利的时代都应该选用此职业，它非常方便。因为拥有很多关于武器和历史的知识，而且牢记在木质盾牌流行的年代一定要带猎枪，传奇英雄对绝大部分时间旅行者来说是非常理想的职业。

常见：所有帝国。

- 能够很快在帝国时代获得尊敬、配偶和免费食物。
- 被众人爱戴，基本上可以想干什么就干什么（但要合情理），没人找你麻烦。
- 极少被奴役或谋杀。
- 如果你只需要偶尔出去冒险一趟，修复时间机器就容易多了。
- 可能需要良好的体格，而且还得能负重[1]。

服饰

当人类首次发现服装的便利之处时，他们发现得不太多。时尚的第一条，不是"别把 T 恤下摆塞进牛仔裤里"，而是"少即是多"。基本上一条床单（丝绸或棉布）或兜裆布（丝绸或皮革）就足以让你混入人群。

在这个时代，你只要在周围的集市和路边摊转转就足够买到本季最流行服饰。黄金饰品和轻型盔甲都非常时髦。印花布料和宽松长裤不可取。

如果你身材小巧，就用腰带强调曲线。相对地，要是你葡萄吃太多了，那么只需要让床单似的长袍从肩头自然垂下便能遮盖赘肉和多余的脂肪。这个时代未经染色的纺织品都很窄，要注意风和熊孩子：在帝国时代——没错！——我们都不拘束自己！

要记住，时尚人士们，如果你想混入人群，我们只有三个词可说：阶级、

---

[1] 在那个时代，负重就是指举起一头山羊。

阶级、阶级。并不是说你一定要是什么阶级，而是说，你所有的服装打扮要适应你选择的阶级，或被迫选择的阶级。

如果你很穷，那就不能穿得太干净。任何黄金或其他饰品都会让你早早躺进金字塔，比你不小心弄坏了凯撒的露趾凉鞋还要快。如果你希望自己看起来富有，也别太过分。要是你想在未来几天或几周里引人注意，但又没合适的东西，于是戴上千足金凯撒王冠复制品，引来一片热议，那简直让人尴尬得无地自容。悠着点！

相反，士兵的服装在执勤时和非执勤时都有区别，所以不能替换：要么搞死一个真的士兵，或者在温泉旁趁人家洗澡的时候偷一套（不准偷窥！）。确保你连垫子腰带什么的都一起带上了，拿到真剑之前，私底下要好好练习 [1]。

各大帝国中使用的关键词

如果你语言方面有所不足，那么在混进各大帝国的时候，就需要保持低调同时用关键词。当然，这意味着你需要带一个 iWord[2] 宇宙翻译器。但就算有了翻译器，你也不想做出可疑的事情——甚至更糟——还没到达想去的地点方便一下，翻译器里的电池就用光了。所以牢记且只牢记这些关键词，否则你会后悔自己长了嘴。

埃及

- "别想着离开哀悼的家人去收拾残局：赶紧计划死后的生活。"用于当坟墓保险销售员的时候，当了盗墓贼而假扮坟墓保险销售员的时候也可用，也可以惹怒 35 岁以上的人。
- "这些猫怎么啦？"用于你想知道猫怎么了的时候。
- "我不喜欢沙子。它们又干又糙还扎人，而且到处都是。"用于表达对无处

---

[1] 见"生存指南：帝国：战争，假装剑客"章节。
[2] 苹果系列的产品总是 i+×××的形式命名，翻译器也不例外，如果他们推出的话。编者注。

不在的沙子的不满，同样可用于抨击星球大战前传三部曲。

希腊

- "你衣服里揣的是奥林匹斯山，还是你见到我就高兴了？" 常见的希腊人寒暄话。
- "诅咒那些小气巴拉的众神，但不诅咒那些带来美酒和丰收的神！"等于"该死的！"
- "'回转仪'怎么念？"订货的时候可避免尴尬。

罗马

- "不准打脸！"用于他们打你脸的时候。
- "吃我一矛！"用于你打别人脸的时候。
- "寡头政治抵消了民众的主要愿望，其中对于堕落的热情和对健康的漠视造就了温和的竞选活动；因此，我们只能在腰上围着缩水的皮子，因为即使它冰冷，我们也可以冲着那些愚蠢可笑说话支吾人表达我们的不快。" 在政治场合都很好用。

中国

- "带我去见曹大人！"用于肚子饿了的时候。
- "等等，武士道和忍者都是日本的？"用于表达对古代中国文化的失望。
- "兄弟，佛祖都随喜了。"用于劝说金钱上的资助时。[1]

玛雅

- "这边闻起来有尿味。"用于周围有尿味的时候。
- "别抓我！抓他！"用于要抓人做人牲的时候。
- "万一它出现，躲开所有叫'医祭师'的人。"很可能说了也没用，但也该一试。

---

[1] 希望中国读者能和我一样有"原来外国人是这么看我们的呀！"的感想。编者注。

人牲

随着人类越来越文明，公开用无辜的人进行献祭越来越少，取而代之的是用政府判定有罪的人进行公开献祭。但是在帝国时代，该被拿去献祭的人和该被放过的人其实很难区分。

比如，脆弱温顺的人会因为消耗了社会资源而被献祭。而健康强壮的人则会为了显示对神的忠诚而被献祭。有时，人们被当权者蛊惑，自愿地成为牺牲品，满心欢喜地将自己献祭给神灵。另有一些时候，反对人牲的人会因傲慢无礼而被献祭。

时间旅行者最好是待在某个不上不下的位置：乐于助人，但不过分，而体形上，也不要太引人注意。

但是，如果你肤色不对，也很难达到这种平衡——万一你是白的、黑的、棕色的，或者不同程度的晒黑都有可能让你成为牺牲品的有力候选人，或者自己成为神。

如果你疑心自己可能进入牺牲品行列：

• 跑 [1]。

• 建议其他人成为祭品，或者把别人推到仪式用的刀口上 [2]，这样可以拖延你被献祭的时间。

• 使用"魔法"让他们相信你是神，比如打火机，或在情况紧急时，可以使用你的时间机器（虽然他们很可能会因为害怕而毁掉它）。

如果你被当作神，然后大家怀疑只要把你献祭了你就能回到地球／天堂／神灵国度：

• 跑 [3]。

• 尝试举行一些和献祭无关的活动来推迟献祭你自己的活动，比如跳舞，吃饭或猜谜。

---

[1] 见"生存指南：史前时代：疯狂逃命"章节。
[2] 见"生存指南：帝国：关键字，玛雅"。
[3] 见"生存指南：史前时代：疯狂逃命"章节。

- 抱怨献祭你自己的活动上使用的乐器质量太差，找托词，消极攻击临近村庄，说他们"克扣饮食"或者"用了宰牲口割肠子的刀"。
- 谋杀周围的人，显示你被燃烧物品和尖锐物品威胁时，可以成为一个非常恐怖冷血的神 [1]。

木乃伊和制造木乃伊

所有帝国时代文明有许多共同特征，最主要的就是热衷于干燥保存死者的尸体。这也是对你影响最大的一点，因为你是要破坏人家坟墓的人。如果你计划利用木乃伊的坟墓将自己送回属于自己的时代，毫无疑问，你必须要对付木乃伊的诅咒，这是古代遗迹中最糟糕的一种诅咒。虽说木乃伊都死了，但它们是永垂不朽的。

有关木乃伊你需要知道：

木乃伊是死的，在普通环境下它们没有威胁，但它们有魔法，也就是说它们可以走动，可以取活人的器官。

由于已经死了，木乃伊语言和理智都很有限。请勿讨论政治和哲学。

木乃伊对于内脏有着非正常的热情，主要是由于它们没有内脏。因此它们对于拥有内脏的人非常嫉妒且不信任。也就是对你嫉妒且不信任 [2]。

明火是木乃伊的敌人，就像飞蛾一样。不幸的是，明火也是飞蛾的敌人。

虽然生理上几乎无敌，但木乃伊的自尊心却有些脆弱。它们对自己葡萄干似的皮肤、蹒跚的步伐，以及自劳动节之后必须穿白色等情况非常介意。请勿冒犯木乃伊。

和其他人一样，木乃伊也热爱黄金。它们无比贪婪，是不需要语言的谈判专家。这类谈判通常包括一根金属钩，谈判对手的鼻腔，卡诺卜罐 [3]。

---

[1] 见"生存指南：普适规则和建议：你要带的东西，火魔杖"。
[2] 切掉你的一个肾可能有帮助，但是由于后背伤口造成速度减慢，会让你因此遭殃。
[3] 我们在此提供另一种谈判策略，时间旅行者们，让木乃伊胜利吧。

木乃伊对大脑也很感兴趣，这种兴趣不具有美食方面的意义，虽然技术上来说它们没有死。

在和木乃伊战斗时：

木乃伊基本上是无敌的，所以枪、火魔杖都没什么效果。除非，你可以用它们打掉木乃伊的四肢。把木乃伊解体也不能杀死它们，但是能够极大地损害它们的谈判技巧。

虽然木乃伊的四肢掉了之后不会再移动。但是，把木乃伊的四肢炸飞有可能制造出更多的敌对木乃伊。

别嫌麻烦，把它们的布解开。你的脑子常年经受史酷比荼毒，可能会认为，解开绷带是木乃伊的弱点，绷带之下只不过是本地某位园丁或者教务主任。可是，真心的，绷带下头只是个愤怒、干枯、赤裸的不死者而已 [1]。

保留随时战略撤退的权利。体内缺水使得木乃伊行动僵硬缓慢，这意味着你能够轻易逃脱。但是有一个问题……

……无论如何，木乃伊绝不会放过你。它们有魔法不会死，它们永远不会累也不会放弃。一辆车型或其他交通工具型时间机器可以争取一些时间，但是最终你都要面对木乃伊。

火是木乃伊的天敌，但也不能确保胜利。因为要烧很久才能把木乃伊烧烂 [2]。相比被没着火的木乃伊弄死，你很可能被燃烧的木乃伊掐住脖子，和它同归于尽。

木乃伊的力量相当于 1000 只愤怒的黑猩猩，也相当于 4700 只水牛，也相当于 8465962 只经过基因改造的小飞虫。不要试图赤手空拳和木乃伊搏斗。

木乃伊是由咒语驱动的。它们目的明确毫不犹豫，通常都顶着复仇或追回被盗物品的名义。这也就是说，你从木乃伊那里偷了东西，所以你和其他参与盗窃的人都成了木乃伊的目标。排一排人墙，择机把东西还回去吧。

---

[1] 这是很痛苦的。如果你快死了，难道最后一眼就想看这干巴巴的东西？
[2] 除非你有个很大的炭炉。

把被盗物品还回去，木乃伊就没有杀意了。但是谁会偷死人的东西啊？你妈妈没教过你吗？

奴隶的劳动

无论在哪个时代，奴隶制度都不好玩，也很难接受。除非是用来建造了世界奇迹之一（不是那七个也行）。这样的工程比任何谈论人权或扬言组建工会的悲惨奴隶都要活得长。

在帝国时代有一条很简单的规则：不奴役就当奴隶。相信我们，两边你都不喜欢。但是二选一，你肯定不想当奴隶。因为工作时间超长，没有奖金，哪怕以你的标准，工资也低得吓人。

一些避免当奴隶的小贴士：

1. 避免贫穷，避免无家可归。你是个时间旅行者，不是罗宾·汉。

2. 随时洗衣服。古语有云：看着像奴隶就一定是奴隶，一旦是奴隶就绝对是奴隶。

3. 避免被背叛。背叛是通往奴隶世界的单程车票——假如你在被背叛过程中没有遇到饥饿的野兽和不开心的神[1]。

4. 避免无意义的高尚之举。对，那个卫兵就是在捉弄小孩。扪心自问，你是不是真的关心一个公元前 1700 年，在沙漠中汗流浃背的小孩？但是，如果你真的特别善良，完全无法置之不理，那至少要好好表演一番。这样一来广大市民见到你的善举可能会联合起来保护你，或帮你打破枷锁，出其不意拯救你。

当奴隶主的一些小贴士：

1. 从小处做起。首先管好你周围的人。

2. 不要做大：你肯定不想使唤一个能把你揍个半死的奴隶。除非他戴着枷锁，而你也知道怎么拿鞭子抽人。

---

[1] 见"生存指南：帝国：人牲献祭"章节。

3. 歪嘴笑。好好练习，多多歪嘴。要是不会笑出恶棍样，任何法老、国王、皇帝都不会拿你当回事。尖声笑更好。

4. 平均地处罚每一个奴隶，不管他们是什么等级。如果你把他们弄死了，也算助人为乐。

修复时间机器

帝国时代有一样东西——至高的，神一样的领袖。有一件事情，至高的，神一样的领袖特别擅长，那就是打仗和早死。其实这是两件事。但是如果说有两件事，至高的，神一样的领袖特别擅长，那么他们擅长的第三件事就是给他们自己修建巨大的、费时费力的、石质的坟墓。在帝国时代修复我们的时间机器，你就得修这么一个东西。

首先，两个方法二选一

1. 成为至高的，神一样的领袖，然后以你的名义修建世界奇迹。

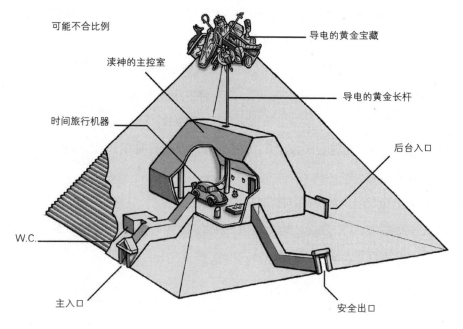

可能不合比例

渎神的主控室

时间旅行机器

导电的黄金宝藏

导电的黄金长杆

后台入口

W.C.

主入口

安全出口

2. 改进别人的世界奇技，让它成为时间旅行设备。

你肯定想到了，选项 2 比选项 1 简单得多，但两者都面临许多挑战。

选项 1

1.（a）通过政治谋杀、溜须拍马或表演魔术让自己进入统治阶级，等时机成熟就夺取政权。（b）杀了国王 / 皇帝 / 宗教领袖。很多时候，你只需要做这一件事就能证明自己的价值。在玛雅、阿兹特克和埃及，杀死现世神的人必须成为更强大的现世神。在罗马和希腊，你至少要获得不支持被害国王的人的支持，一般来说，就是总人口的一半。

2.（a）趁着大受欢迎，赶紧以你的名义修建世界奇迹。要有创造性。万一你取代了某个本来就要修建世界奇迹的人，那就照样子修一个，别打乱了历史。（b）修建你自己名下的世界奇迹[1]。参考第 3 章或时间旅行电池原理图（单独出售），以便将石头堆建造成大型电池。

选项 2

1. 引开卫兵或吸引卫兵。如果你是女性，只需要充满暗示性地走过去就行了，如果是男性的话，只需要穿着女装充满暗示性地走过去就可以了[2]。等他们跟着你走到金字塔 / 大竞技场 / 长城的转角处，就打晕他们，穿走他们的衣服。

2. 现在你可以自由操纵世界奇迹了，你有足够的时间把它修整好。如果是坟墓，你就幸运了，因为你可以把里头的金子收集起来堆在顶端。现在，拿剩下的金子做成长杆，贯穿整个世界奇迹一直通向你的时间机器。

3. 把你的裤子里塞满剩下的财宝。

4. 等着闪电击中那些金子，或者……可以跳个求雨舞什么的。有没有关于你那个帝国将要招致灾祸的预言？可以利用一下。

---

[1] 推荐坟墓，因为你需要让自己和时间机器藏进去。如果出了岔子，发生了最坏的情况，你顺便就能把自己埋了。
[2] 关于如何实现引开卫兵的策略，可参考查克·琼斯［查克·琼斯就是画了汤姆、杰瑞、兔八哥等角色的人。他在 1943 年导演过一部美国士兵被纳粹情报员欺骗后，和敌人斗智斗勇挽回败局的动画短片。片中纳粹情报员假扮成性感美女，很有参考价值（别信！）。译者注。］1933—1945 年之间的作品。

附，选项 3

1. 当奴隶。

2. 利用你参与修建世界奇迹之便，将时间电池的要件融入建造过程中。

3. 考虑一下，是坐时间机器逃跑还是解放你的奴隶朋友们。两者兼顾基本不可能。

战争

你会被卷入一些争斗，这个时代不太可能一直靠"这是我的火魔杖！"混下去，因为遇到战争这办法也不好使了 [1]。

唯一可行的替代方法是：拿剑吧（或者其他什么尖的东西）。但是我们说句大实话——其实你也不怎么会用猎枪。你受的武器训练不过是看到蜜蜂就手忙脚乱，或者在街上看到小动物就使劲踩油门。除了你少年时代看过《星球大战》以外，你根本不知道怎么拿剑。

假装自己是剑客

你决不能让自己看起来像个拿着剑的小丑，原因有二：（1）由于帝国时代人人佩剑，如果你像个小丑，就会暴露自己走错时代这件事，（2）由于你可能需要吓退某些二傻子，要是你表现得根本不知道该拿剑的哪一头，那就完了。

以下几个步骤可供参考，你不需要真的接受训练就可以假装自己懂得怎么用剑。

1. 忘了《帝国反击战》里说的那一套。那些都没用。

2. 两腿适当分开，习惯用力的脚在前。尽量侧身站，减小可能被刺的面积。

---

[1] 凡是遇到提出不同意见的人就爆人家的头确实有点可疑。大家对此持"别到处杀人"和"你真的不该拿着猎枪在时间线里捣乱"等意见。

3. 臀部下沉。你的架势必须很简练有力。有气无力吓不跑敌人。

4. 确保自己牢牢握剑。你需要快速移动，肯定不希望剑像汗津津的闪电球一样从你手里滑出去，那样的话你会受伤。

5. 其他人靠近你的时候，尝试拿剑攻击他。和一般的想法不同，我们不是要打掉对手的剑。这一击一定要灵巧——对方不是彩陶罐[1]。挥得太用力你会把自己暴露出来，砍得太用力，剑会弹回来打到你自己。

6. 尽一切努力不要被刺伤，总之不要受任何伤。利用你在学校期间玩躲避球时学到的惨痛经验[2]。

7. 获得胜利。

① 我站

② 我起

③ 我握

④ 我刺

⑤ 我闪

⑥ 我赢

---

[1] 墨西哥风俗，过生日的时候把装满糖果的彩陶罐挂在天花板上，让孩子们用棍子去打。
[2] 如果你来自躲避球问世前或躲避球被日内瓦公约全面禁止后的时代，那就想想九岁那年，呆头呆脑的你自己，躲避石头／机器人的经验。

在各时代生存：中世纪

公元 400—公元 1300 年

（宗教对抗黑死病和宗教压迫）

如何确定你身处中世纪

- 耶稣
- 近亲结婚的贵族
- 教堂 / 彩色玻璃窗
- 骑士
- 十字军
- 柴火堆
- 英语得到发展
- 任务
- 探索

你应该携带

- 本指南
- 火魔杖
- 跑鞋
- 一袋土豆
- 圣经
- 火药／爆炸物（或其他看起来挺神奇的爆炸品）
- 备用时间机器电池
- 备用时间机器

简介

中古历史的事情有点说不准，这段时间的历史被特别小心地保存起来，不为"文明的"社会大众所知。因此，虽然有很多关于中世纪的"历史记载"，但大都是错的，有所夸张的，或记得不准确的。

有个很好的例子：龙。龙不是神话。马修·麦康纳那部关于龙和世界末日的电影由于没在片尾加上"基于真实事件改编"而在票房收入上惨败 [1]。至少这算是理由。和历史上的很多其他时代一样，时间旅行者也不能在中世纪跳进跳出，不管基于什么理由，很多人去了中世纪，回来的却没几个。本章里，我们会帮你避免成为回不来的人之一。要牢记，在精灵、法师、龙的问题上，我们搞错了，而且世界真的是平的。

万一你发现自己被困在中世纪，或打算在那里长住，请参考"十字军"和"魔法"章节，以便你扮作当时的人。

---

[1] 但马修·麦康纳是个"实力派"演员，他完全不畏巨兽。而你，则应该格外地害怕怪兽。

黑死病

有关中世纪的趣味知识：某种意义上来说，由于一种疾病，整个欧洲的人口减少了一半，而这种疾病是由老鼠身上的跳蚤和不卫生的环境引起的。听起来还是挺有意思挺值得一去的哈？

不幸的是，如果你被迫滞留中世纪，情况会比较艰难，如有可能，要竭力避免这类疾病 [1]，或者至少不要被波及 [2]。由于防毒面具和灭菌肥皂都没有问世，在 12 世纪，你必须做一些预防措施：

避开大便——我们都知道——特简单，是吧？显然不是。中世纪到处都是大便，还有垃圾和其他各种恶心巴拉的东西。那时候没有垃圾清理车，没有露华浓清洁产品，连一点点萌芽都没有。不管怎么说，要尽可能打扫卫生，多带普瑞莱牌的洗手液，还有就是看清脚下，要最大限度地避开疾病。

避开老鼠——现代的老鼠是毛茸茸的小朋友，你可以让它们蹲在肩头带它们四处走动，教它们小把戏 [3][4]。但中世纪的老鼠却携带着疾病，而且很可能是充满杀意的恶魔。它们翻找所有你试图避开的垃圾。我们不是说"看到老鼠就把它们踩死"——事实上你会想逃走，因为老鼠身上的跳蚤携带着淋巴腺鼠疫病毒 [5]。要踩死一只跳蚤是很困难的，而跳蚤能够从被踩的生物身上逃走，跳到踩别人的生物身上。

如何确定自己感染了黑死病

回答如下问题并记录答案——肯定的回答加一分，否定的回答不计分。

- 你的腹股沟、腋窝、脖子很痒吗？流脓吗？
- 是新近才开始的吗 [6]？

[1] 离开了，你懂的，疫苗和药物，你就是靠这些东西才成为时间旅行者。
[2] 如果你不在 1350 年到 1384 年之间到达，那就彻底避开疾病了。
[3] 老鼠们真的非常聪明。
[4] 本段由支持《人鼠同等待遇公约》的人类和鼠类赞助。
[5] 我们确信淋巴腺鼠疫就是黑死病。当然，我们十分希望它不是某种时间旅行者们没有接种过疫苗的疾病。也许我们要再检查一次。
[6] 如果一直都有倒不用担心。如果是最近才有……那你该担心了。

- 你呕吐得多吗？

- 你会不会突然发高烧？发烧的时候有幻觉吗？（附加问题：幻觉酷炫吗？[1]）

- 你有没有不顾我们的劝告，去和老鼠、跳蚤交朋友？

- 你有没有可能被愤怒的女巫打击报复，中了诅咒？

- 大家最近有没有说你特别的"黑"且"死"？

- 你是不是比平时流的脓更多？

- 你会不会说自己"被上帝厌恨了"？

- 以上症状是否让你在 2 ～ 7 天内死亡？

9 分：你去世的消息让我们很难过。非常悲惨。但是既然你还在这儿问生命权利，我们还是收拾东西……

5—8 分：坏消息——你知道自己刚才吐的是血吗？你真的应该知道。跳到"确认感染黑死病后应该做什么"章节。

3—4 分：恭喜！你感染的是别的某种瘟疫。

0—2 分：你应该去医院看看流脓是怎么回事[2]，万一你过几天死了，那可能是死于别的什么原因。

0—2 分	3—4 分	5—8 分	9 分
别白担心	也许试试水蛭疗法	无可救药	死定啦

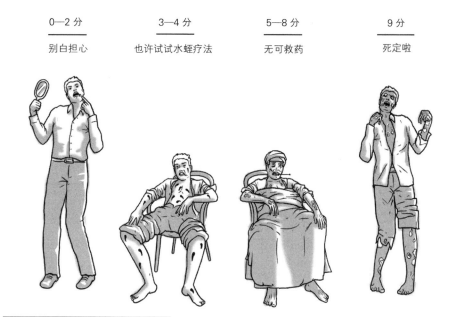

---

[1]"轻松黑死病"是 1355 年前后青少年中短暂流行的一种娱乐，3003 年也流行过。
[2] 还得叫上你最近约会过的几个人，这样才对。

确认感染黑死病后应该做什么

- 不要跳进时间机器去某个有治疗条件的时代。未来不需要你这个黑死病傻瓜。

- 把呕吐物／脓／血收拾干净。

- 通过亚空间传输给你的时间旅行朋友发个信息，比如"黑死病滚蛋！"之类，时间大约是 3003 年 [1][2]。

- 向女巫道歉。

- 临死前痛苦挣扎的时候不要出声，免得打搅邻居。

十字军东征

中世纪文明的里程碑就是十字军东征，或以【此处填入你的宗教】的名义去十字军东征别人。这是【此处填入你的宗教】的信徒受到【此处填入其他宗教】难以忍受的压迫时的常见状况，主要是由于：虽然两者都把莫名其妙的信条当真，但当真的具体内容不同于是产生自卑感。但是对方为自己的誓约团结起来，于是【此处填入你的宗教】也拿起武器还击——誓将【此处填入你的神】的真理传播给所有愿意聆听的人，尤其要传给那些不愿意听的人。

如果你不谨慎行事，就很可能遇到十字军，加入十字军，从事和十字军相关的活动，然后被公开／秘密处决。在中世纪，绝大部分恐怖活动、战争、贸易路线、体育活动、喜剧、职业都和十字军直接相关，否则就是在十字军及其宗教的影响下才得以存在。为了避免被人以【此处填入本地十字军所信仰的神的名字】的名义杀死，请遵循以下便捷措施：

- 经验法则第一条：接受周遭流行的宗教观点。

- 尤其是那些拿着剑的。

- 接受了周遭流行的宗教之后，把它奉为圭臬。如果你以比那些真正虔诚的信徒还要严肃的态度对待【此处填入你新近选择的宗教名】，那他们也会很认真地对

---

[1] 见脚注 P164 [1] 。
[2] 你确实有亚空间收发装置，能够发送不相关的时间坐标，而且确实有时间旅行的朋友，对吧？

准备好随时接受周遭流行的宗教观点

待你。

- 根据你的婚姻状况进行自我鞭笞或加入／开始新宗教是个很好的主意。在公共场合高呼【此处填入你的神的名字】。

- 务必要冷酷无情。任何和你以及握剑的大多数信仰不同的人都应该被批判或改宗。

- 如果有人质疑信仰，就杀死他们以显示你的信仰。

- 在中世纪没有通融和辩论的空间。

- 去一片没人的大陆，以【此处填入你们帝国的宗教】的名义占领它。

- 你可能根本没必要去。

- 你很可能根本不必为之战斗。
- 你肯定也不需要去改变本地人的信仰。在这个时代，新闻传播得很慢。

龙

吐出火焰的巨蛇，吃英雄，引起浩劫，存在于地球上所有文明的神话中，土星周围也有至少一颗卫星存在类似神话。相关报道都很模糊，我们的谨慎用错了方向。

你看到龙之后该怎么做

见"史前时代：疯狂逃命"章节。

万一龙在乡村里肆虐呢？

你没看逃命那一条吗？

如果那条龙很亲切，说起话来像肖恩·康纳利

如果遇到了肖恩·康纳利龙，请放松和它谈话，和它交朋友，然后骑它。礼貌对待这条龙，就像对待印第安纳·琼斯的父亲一样，对你的长辈一样，或者就像对待能够一口吞了你的人／怪兽，看／听起来也像是世界上最大的坏蛋。

如果你不得不去屠龙

既然你是个时间旅行者，你肯定有能力也有责任。你很有可能被要求和为害一方的恶龙战斗，尤其，当你选择杀怪勇者作为职业的时候[1]。以下几个步骤可能会有帮助：

---

[1] 见"生存指南：帝国：混入人群"章节。

1. 穿很好的盔甲 [1]。向别人借一套。在这个时代借盔甲就像在别的时代借毛衣一样普遍。

2. 你需要能够躲避龙的火焰和物理攻击的装备。你可能需要向附近的骑士借一个盾牌。要（a）不会着火（b）不会在你手里融化的。

3. 记得你的猎枪吗？是时候用它了。

成功了吗？

没成功。

抱歉。现在换 B 计划。

B 计划——换个方法屠龙

1. 在你脑子里罗列一遍各种技术上可以屠龙的办法。

2. 意识到自己屠不了龙之后，就离开龙的洞穴 / 城堡 / 巢穴等。

3. 找一把可以屠龙的剑。如果和你谈话的人说起某些名字特别怪异的剑，比如兽咬、寡妇之嚎啥的，那多半准没错。

4. 完成得到这把剑所需的全部试炼 [2]。

5. 到边境上去召集热诚的英雄帮你屠龙。这些人应该包括：

• 一个精灵，箭术之高超和他本人的无聊程度相当。

• 一个矮人，很矮小，能够从龙的下方穿过去，而且特别小，不够给龙填牙缝。比较候选人胡子的长度、粗鲁的程度、日常喝醉的程度。（以上参数均越高越好）。

• 至少一个"天命之人"。

• 至少一个武艺高超的人类战士，而他多半会背叛你。

• 至少一个扔骰子的混蛋法师，他可以在黑暗中生火，还能说些高深莫测的胡言乱语来鼓励众人。

6. 找齐了英雄，就把他们带到龙穴。

7. 当英雄们被龙撕烂，痛苦挣扎时，你躲在后面。

---

[1] 见"生存指南：中世纪：战斗"章节。
[2] 如果有人要你猜谜语，你要牢记自己喜欢的颜色。如果你得从一块巨石里拔出一把剑，尝试使用你带去的炸药。

8. 刺龙最柔软的下腹部，也就是脖子和胸口的交界处，用你找来的那把叫处女劫掠者的剑。

9. 在龙倒下或爆炸或任何死龙可能做的事情发生之前逃离龙穴，或者在剩下的英雄恍然大悟发现你只是拿他们当挡龙的肉盾，然后大耳刮子抽你之前逃跑。

圣杯

如果你觉得无聊了，或者真心想讨好某个国王或王后（可能是像苦修一样，为了避免被处决），你可以加入被误导的那数千人，他们四处寻找圣杯而无果。这是众多无聊冒险者和受不了十字军严苛纪律的人所选择的职业，圣杯是基督最后一次喝醉时用的酒杯，后来他还让朋友用圣杯喝自己的血。

但是巫师历史学家认为：其实是梅林和他的混蛋巫师朋友制造了圣杯，好围观这些没魔法的傻子们取乐。他们还打赌，看这些个不洗澡的骑士谁能在这场瞎忙活中坚持最久。

所以，如果你计划要找圣杯，千万别指望能找到。

如果你没有找到圣杯，也别担心；你跟亚瑟王一个水平啦。

但如果你真的找到了圣杯，你得把它放回去，它在中世纪欧洲出现很可能会极大地改变历史。

但是，首先，还是要把它糊到梅林那张长胡子的蠢脸上，他居然怀疑你，怀疑缺医少药的你能够找到他造出来的东西。

医药

中世纪没有创可贴。他们有水蛭。这是医药部分的第一条，也是唯一一条警告。

争斗

如果你曾经被困帝国时代，或者回忆一下学习过的相关章节，你就会想起"假装剑士"的重要性。如果没有，就现在去复习那一章，然后找个没人的地方好好练习，免得一不小心把别人的头砍掉了，同时也得没有摄像头，免得有人故意拍你水平差的证据拿去全宇宙播放，那可是超越时间的尴尬。

再说一遍：如果你不知道怎样拿剑打赢别人，那至少要假装你能打赢。恐吓是在人类挑战中获胜（脱身）的第一步，也是最后一步。但这是一种微妙的平衡。有时候，你的恐吓只能让别的人或战士公主更想揍你以维护他们的荣誉。

但是，和帝国时代相比，有些事情改变了：

大型盔甲

大部分中世纪的战士（骑士）都穿标配的连身皮甲，锁甲和重型板甲及头盔来保护他们的每一寸身体。盔甲可以帮你抵挡戳刺，它也是恐吓的要素：你看起来是原先的两倍大。但是，由于盔甲大都是金属的，而且覆盖全身，所以你同时也是自己的两倍重——但你华丽结实的肌肉却一点都没增加。就算你能走，也是步履蹒跚地走，而且里头的味道闻起来就像烂猪肉 [1]。

为你着想，如果要溜进城堡，盔甲最好藏在隐蔽处 [2]。为什么，你会这样问自己，为什么我会想穿着如此不机动的东西去打架？事实上，你不会的，如果你没有……

大型剑

重但有时候有用的罗马剑被重且不实用的中世纪剑所取代，其手感就像举起一头不配合的熊。如果你不穿盔甲，这种剑很容易把你自己劈成两半，但如果你不用这么重的剑，就刺不穿别人的盔甲。尝试每天做三次俯卧撑，每次五十个，五次引体向上，每次十五个，四百个仰卧起坐，坚持九个月。

法国人

法国人在中世纪依然坚持自己的自由主义态度。他们甚至发明了"自由主义"这个词，所以他们所传播的自由主义态度在他们传播之前是根本不存在的。他们也穿着沉重的盔甲拿着沉重的剑，并把这两者当作室内装潢，这股思想回避了保护身体和举起重物，转而选择专为戳刺设计的薄而尖的剑 [3]，以及彩色披风，好让对方知道自己刺杀的是谁。这意味着四件事。

- 更机动
- 更多刺杀

---

[1] 不只是烂猪肉，而是在烂猪肉里头——还没开始烂就已经非常难闻了。盔甲里头就是这么个恶心味儿。但是，一定程度上来说，本地的铁匠很愿意堵上你的鼻子。
[2] 注意：穿上中世纪盔甲至少要半小时。
[3] 此外还反对重击、劈砍、斩首、斧头砍及震击。

- 更多遇刺

- 法国人跑得快

  如果你发现自己不能或不愿穿上沉重的盔甲，也许你可以去当法国人。在当法国人之前，要先去看中世纪的"医生"，至少坚持去三周以上，效果可能是永久的。水蛭疗法结束后要补充水分。

修复时间机器

无畏的时间旅行者，你现在到了人类文明史上一个艰险的新时代。这个时代……有可靠的冶金术 [1]。铁匠在语言和卫生方面虽然还有不足，但在打铁领域发展出了很多新技术：更精良的剑，贴合身形的金属盔甲，还有很多设计复杂的杀_____【此处填入敌人军队的名字】工具。

这不是说，所有修复你时间机器所需的零件都能找到，但是收集粪便和鲁伯·戈德堡发电机的日子总算结束了。

随着优秀铁匠诞生，以及人们对金属造物的兴趣越来越大，你的选择也变得丰富了。中世纪是人类历史上第一次，你有多于一种的方法来修复你的时间机器：

雇一位铁匠

1.如果你的时间机器仅仅是结构或外观上的损坏，就去雇铁匠。记住，坏脾气程度和技艺成正比。

2.他很可能不听你指挥，所以"提建议"的时候要小心，或者小心地在时间机器图纸上指出你需要的那个结果。

3.和你的铁匠互动时，要随时准备退出方案 [2]。

---

[1] 嗯，技术上来说，在帝国时代当然也有冶金术。但中世纪的剑更大嘛。
[2] 很多客户都因为铁匠烧红的拨火棍而丢了一只眼睛或身上多了一个洞。

4. 你要能够打造一些 "像样" 的东西 [1]。

5. 和铁匠一起工作，安装新打造好的组件。如果他有所怀疑，就说这是新发明的审讯工具。

6. 通过日益友善的工作关系和这位脑子不是很灵光的铁匠交朋友，走之前和他握手告别，然后出乎意料地被熊抱了一下。在迟钝肮脏的外表之下，铁匠有一颗柔软的内心。

7. 你忘了拿图纸吧？回去拿。

成为铁匠

1. 如果你习惯一个人，或非常嫌弃差劲的卫生条件，或者应付不了铁匠突如其来的坏脾气，那就当学徒吧。

2. 掌握铁匠技能。

3. 接待客户假装在做合法的生意。

4. 不再洗澡，也不再管自己的健康状况，外表上看起来也要像个真正的铁匠。

5. 自己看图纸自己修理时间机器。

6. 失败。

7. 要是你还活着，就再试一次。

8. 带着一身过时的本事回到你自己的时代。

使用攻城机

1. 如果你的时间机器还很牢固，只是需要达到 88 英里 / 时（由于没有燃料且路况不好所以很难达到），那就偷一台攻城机。

2. 攻城机，就像这个时代的其他先进技术一样，是为了在战争中砸烂城墙或杀死敌人而设计的。其效果和投石机类似，攻城机可以把一头奶牛在 8.3 秒之内扔到三百码以外 [2]。

---

[1] 这是时间科学上一种很流行也很可接受的结果。
[2] 恭喜，你刚发明了牛肉馅。

3. 让你的攻城机准备好发射。

4. 把时间机器放进攻城机篮子里。

5. 自己坐进去。

6. 找五十来个士兵或罪犯来帮忙把攻城机摆好。避免对着附近的悬崖、城墙——万一不成功呢？

7. 让你的士兵和犯罪团伙用长矛敲地面，用剑敲盾牌，以制造戏剧效果。

8. 气氛炒热了之后，使用攻城机底部的曲柄将机器调到发射状态。

9. 高喊"发射！"

10. 如果没人理你，就自己砍断绳子。

11. 当你从半空飞过时，发动时间机器。希望你事先准备的物理计算都很精确，你的时间机器在半空中就能达到 88 英里 / 时。

和丢骰子的混蛋法师在一起的时候要抓住机会

如果你跟法师说了你的境况，他可能会给你配一剂药，你喝了之后就会一口气睡到你所属的时代了。但是也别睡得太久，你肯定也不想在古城堡里醒来一看，已经天启了。

维京人（野蛮人 / 西哥特人）

随着罗马帝国的衰落，帝国时代也真正结束了，欧洲被粗鲁的海上混蛋不断侵扰。维京人喜欢劫掠欧洲西海岸，他们在海滨村庄登陆，然后由于对派对的无止境热情破坏性地觉醒，他们会把村子烧个干净。他们就像 20 世纪末的摇滚明星，只不过多了几艘船，少了一点音乐，多了几把剑，少了一点毒品，酒量则相差无几。如果你在那个时代出海，你就很有可能遇到这些早期的超大规模海盗兼村民毁灭者。完全避开他们的办法是，回家之前凭借好运打败好几船醉醺醺的维京人。

有关维京人，你需要知道：

虽然是海上野蛮人，维京人也被认为在陆地上同样能打。他们对掠夺和尖锐物品特别感兴趣。请绕开一切有茅草屋顶的村子。

你会发现全副武装的维京人毫无预兆地攻击手无寸铁的村落。发生这种事情时，战略撤退是最好的选择，但绝不要走海路撤退。

在酒吧或大宴会厅遇到维京人，比在临近你居住的村庄处遇到刚下船的维京人要好得多，他们是来烧村子的。

维京人发现喝酒意义重大，力量则令人着迷。而你，作为一个识字的书呆子、造机器的、懂数学的时间旅行者，跟他们不会有什么共同语言。

但是，如果你能够大口灌下蜜酒，那就大口喝，同时说些黄段子，事情就不一样了。维京人喜欢听"一个神父一个拉比走进酒吧"这种段子。尽量找机会跟维京人交朋友。

维京人的动机特别简单：开派对，抢劫，征服，上床。如果你能提供以上服务，就能跟他们混熟[1]。

作为早期的海盗，维京人是海上和无辜村庄的巨大威胁，所以，如果你可以，你懂的，骑上骆驼，抗击维京人。当然，只是随便一说。

和维京人战斗时

拿好你最了解的东西：你的猎枪。利用射程，尽力恐吓你的维京敌人，但是除了争取时间逃跑以外，其他什么事都不要做[2]。

在肉搏战中，维京人可以轻易打败你。知道冷笑话吗？现在就讲，维京人笑点低，是他们最大的弱点。他们也无法抵御爆炸，如果你有炸药的话。

维京人热爱一切锋利的物品。剑、斧子、头盔、尖角、舌头。如果你腿脚利索，那就蹲着点，猫着腰走，若有可能就从他们腿间钻过去，他们会刺伤自

---

[1] 本指南作者建议交出你的钱包，内裤则务必穿好。但总之都比在公共场合见面之后以战斧结束要好得多。
[2] 见"生存指南：史前时代：疯狂逃命"章节。

己或者刺到旁边的人，或者气得发疯。

有时候维京人也可以被收买，虽然挥舞黄金既可能害你被抢被杀但同时也可能保你平安。记得要说你在别处还藏着更多的钱，要是把你劈成两半就是原则问题了。

拿出维京人的乐器。交出重型金属器是规避潜在暴力的便捷方法。

法师和魔法

没错——法师。不是哈利·波特和虽然很牛但总在幕后的东西。我们说的是穿透天空，扭转战局，那些，搞死梅林这样的法师。是你绝对不能惹的那种。

和法师打交道

首先，假设看起来像法师的人就是法师。在最好的情况下，他们只不过是疯子而已。在最坏的情况下，你的大不敬行为会为你在邓布利多军里赢得一席之地——作为魔法测试对象。

如果一个法师问你要零钱，给他。

如果一个法师请你做事，只管去做好了（至少要做到他看不见你为止）。

尽一切努力和法师做朋友/套近乎，别惹恼他们。当了法师的朋友你就可以跟那些能够收拾你的人讨价还价了。龙的朋友也行 [1]。

如果你被迫要和法师战斗

如有可能，别让他讲话——他就是通过谈话对你干坏事的。拿胶带把他绑起来，嘴里塞袜子。或者，你可以用馅饼打他的脸 [2]。

冲上去把他的大尖帽子偷走，那是他力量的来源 [3]。

---

[1] 见"生存指南：中世纪：龙，换一种方法屠龙"。
[2] 由于当时还没有小丑，法师可能料不到馅饼打脸这招，但在大部分时代这种战斗方法不太有效。
[3] 此条经验来自沃尔特·迪士尼（技术上来说，这条经验已经由《幻想曲2000》中魔法师的学徒米奇验证了）。尚未验证。

如果你手头有猎枪，用上。

如果你手头有剑，打他的棍子。那是他的另一个力量来源。

如果都没用，转身逃吧 [1]，要么赶紧求饶也行。并不是所有法师都要把敌人的脑子炸飞。有些只需要真诚道歉。

当你被当作法师（或女巫，或巫师，或别的什么）的时候

对身在中世纪的时间旅行者来说这是不可避免的，总有人会看见你拿着可怕的东西，上头还会发光，或者会喷火，或者还会自动。一般这有两种可能的结果：

1. 对方把你当作法师兼战士，把你带到附近的僭主那里去，然后你就被迫

---

[1] 见"生存指南：史前时代：疯狂逃命"章节。

帮他造武器。

2. 你会被打上女巫或巫师的烙印，被判定与魔鬼勾结，然后活活烧死。

选项 1：假装你真的是法师或巫师

还记得我们在本章开头说的，要多带火药吗？这就派上用场了。为你侍奉的僭主制造爆炸物，为了取悦他要假装制造更多，这样可以避免被就地处决。其他步骤你也要牢记：

要在猜谜语，以问题回答问题方面多努力，要假装很懂将要做的事情，比实际上懂得的多得多。

戴尖帽子。在想出现的时候准时出现。

通过把东西炸飞，显示自己是不可或缺之人，或者通过你的"魔法力量"[1]去威胁他们也可以。

随时制造神秘气氛，保持隐士般的态度：长须飘飘，长袍及地，满头白发，邋里邋遢的外表——这些要素能让你看起来仿佛脑子在另一个时代撞坏了，但这本质上还是为了吓唬其他人，免得他们杀了你。

记得时不时施展一下魔法。打开手电筒，用电动剃须刀威胁一下别人，秀一下打火机。确保每个人都坚信你能在一念之间宰了他们。

但不要威胁得太过分——要当一个"我方的"法师／女巫，而非"塔顶上那个杀了对全大陆都好的"恶魔型法师／女巫。

用财富、力量等条件说服别人来帮你，让他们干体力活帮你修复时间机器。

选项 2：避免被当作女巫或男巫烧死

被判定为使用魔法之人的坏处在于，这个身份通常被冠以"异教徒"或其他某种富有宗教意味的糟糕名字。女巫／法师／巫师通常都被认为和恶魔勾结，通常来说，否认自己是法师会成为你就是法师的证据。测试你是不是法师的方法——长时间浸入水中或火烧——都不好受。以下几点是告诉你如果被认定是巫师该怎么办：

---

[1] "魔法力量"在此处指的还是你的猎枪。这东西你必须随时拿在手里。

1. 疯狂地喋喋不休，朝天开枪，同时撤退到你的时间机器里，逃到别的地方混。威胁说，你还会回来。

2. 坚决否定自己是女巫或巫师，同时解释你是来自未来的时间旅行者，你来是为了让大家过得更好。告诉大家你能教他们把东西炸飞。然后随便炸点什么，比如刚听你解释时间旅行的那些人，他们现在是有待处理的目击证人。

3. 指控那个指控你是女巫／巫师的人。这招有时候有用。

如果你要被架上柴火堆烧死了：

你会被铭记。作为一个警示意味的故事。

如果你要被沉入河里进行巫师测试了：

等到你被沉入水里的时候，尖叫："水里有东西！"假装被鲨鱼攻击了。（你可能会被关在一个笼子里。没关系。鲨鱼是隐形的，你就当是在表演高中生戏剧。）

当疯狂的村民们不再放绳子转而围观你的时候，突然停止鲨鱼的攻击。

他们问你的时候，你就说"刚才被恶魔攻击了"。并指着你的行刑者（或国王，或随便哪个士兵）说："他在找你！"

当他们围攻自己的同伴时，你就游到湖的另一边，偷走岸边无人看管的马扬长而去／消失无踪。他们不会追的：总有所谓的异教徒可供一烧。

在各时代生存：工业时代

公元 1300—公元 1940 年

（发展出了枪然后发展出了更大的枪械）

如何确定自己身在工业时代

- 污染
- 枪
- 黑肺病
- 美国
- 殖民主义
- 对文化的需求疯涨
- 洲际大战
- 青霉素
- 探险

你需要携带

- 本指南

- 火魔杖
- 跑鞋
- 一袋土豆
- 防毒面具
- 火药/炸药（或其他爆炸物）
- 备用时间机器电池
- 备用时间机器

简介

这一时期的地球历史非常豪迈且多样化。在平淡、无处不在的全球化到来之前，这段狂风骤雨的殖民主义时期里，地球的每个角落都发生着剧变[1]。

但这些剧变却让工业时代成了最让时间旅行者们措手不及的时代。你很容易就会绝望，比如在日本用筷子吃米饭的时候，比如在狂野西部的酒馆里脱小姑娘内衣的时候，比如试图在一战期间不吸入有毒烟雾的时候，比如在残酷的美国内战期间当深浅不同的灰底海军蓝制服出现在黄昏的微光中时。

你最好顺应周边环境，不要惹是生非，有疑问时依靠上膛的火魔杖，这样才能争取到最大的生存机会。这个时代没有"如果"，你不需要知道这个词，如果你觉得你有必要知道"如果"，那就还是去别的时代吧。祝你好运。

文艺复兴（公元 1300—公元 1600 年）

紧随中世纪，在欧洲的绝大部分地区，文艺复兴开始了——这一时代理智不断发展，同时罪行、反智的刑罚和行刑方式也发展良好。是个值得一游的时代，但你绝不会想在那时代长住，更不想死在那时候。

---

[1] 虽然如今每个人或多或少都承认，地球实际上没有角落。别傻乎乎地坚称地球是平的了。

如果你在 14 至 17 世纪游览意大利及其周边地区，那就很可能遇上文艺复兴。其中包括：枪械问世，继续使用马匹和刀剑，天文学初露端倪，加农炮，战争，裸体人像。请据此制订计划。

占星术

你有时间机器，于是你能看到未来。你打算拿预知未来这事儿怎么办？我们告诉你吧：去骗人。你不用再假装"预视之力"，也不用搞一堆山羊内脏。只要记住只说冷门，免得你精准的预言扰乱了历史。

对于占星术，你需要了解：

• 它和天文学不一样。

天文学

对天体有了初步了解，太阳系及宇宙的观念在文艺复兴时期开始萌芽。科学首次占据主导地位，因为它真是疯得可爱。但这在"上帝创造一切"的人中引起了强烈的反弹。这引起了火刑、绞刑和各种酷刑。这就不可爱了。

关于天文学你需要知道：

• 你知道得越少越好。

• 如果你真的懂一点天文学，但不愿意被当作异教徒，也不愿意被烧死，那就千万啥也别说。

• 文艺复兴时期出现的尚未成为主流观念的天文学概念：地球是圆的，太阳是宇宙的中心。在笑之前先打听清楚哪个观点最流行。

重要历史人物

达·芬奇

列奥纳多·达·芬奇是个画家、雕塑家、发明家、作家、科学家、学者、和忍者神龟同名的人，还很爱炫耀[1]。他甚至被视为是有史以来最聪明的人。

但是，很多时间旅行者满心嫉妒地嘀咕道："倒想看他生在互联网时代会怎么样。"尽管无意冒犯阿尔·戈尔，但其实确确实很可能是达·芬奇发明了互联网。他只是活得不够长久，没能建立起合适的构架或方式把文字叠加在可爱的猫咪图片上。[2]

和流行观念不同，达·芬奇并非一直都是老头，只不过万一有人比你优秀太多，又老又睿智的相貌比较容易接受。其实达·芬奇大半辈子都是个瘦高个的反社会怪胎，偶尔打个盹就算睡觉，以便最大限度地利用时间，超越历史上所有人。

如果你真的想用未来事物让这位历史要人大吃一惊，或者需要在期末考试历史科目中拿到好成绩，达·芬奇是最好的选择[3]。

混入人群

中世纪的社会阶级体系基本上延续到了文艺复兴。虽然这时代有很多哲学家、诗人、音乐家、画家，以及其他许多艺术家——但换而言之，如果你要当无业游民，那就组建一个乐队，或者"你懂，研究我的艺术"，就成了。

科学家——可以有效隐藏你时间旅行的来历，和修复时间机器的打算。很有可能让你成为宗教审判的目标。

审判官——如果你担心有人说你是"邪恶时间旅行者"，审判官这个职业非常方便，而且你能够接近各种科学材料，它们都是从刚才平躺在炭火上的科学家身上没收来的。

商人／银行家——文艺复兴时代见证了中产阶级在经济方面的创造性，他们卖东西赚钱却从不耕种。这是份很不错的工作，资金流动性强，大可以花在替换时间机器的金属和零件上。银行业更是轻松，商人和银行家通常不会成为宗教审判的目标，这点也很棒。

僧侣——很可能是整个文艺复兴时代最腐败的人，也包括某些到处晃荡谋

---

[1] 他和某种隐秘"密码"产生联系纯属偶然，相关讨论只能被视为是其文学品味和聪明才智的体现。
[2] 其实在中国大概用荷花图更适合朋友圈传播。——编者注。
[3] 即使你和达·芬奇相比就是一坨狗屎，这依然很值得。

财害命的人。天主教会里很多人，仅仅是凭着兜售赎罪券这种莫名其妙的工作，就从民众手中搜刮了巨量的财富。这也酝酿出了教会大分裂和宗教改革。作为一个僧侣，你也可以去卖赎罪券！你可以用赚的钱买点好东西带回你自己的时代。这只需要你拿点儿良心出来，也许还要搭上你不朽的灵魂。

启蒙运动（公元 1600—公元 1850 年）

出于各种原因，启蒙运动时代有很多起义。一般来说，最好的办法是避免穿着某些短期流行服饰显示你（1）忠于英格兰的詹姆士王，（2）背叛了英格兰的詹姆士王，（3）像任何法国贵族，（4）像从别国来的殖民部队士兵。这个时代有很多人想包围别人就地处死。

如果你在启蒙时代逛，最好读点书，看几场戏，这时代有一些非常睿智的作品。除此之外，一顶扑粉的白色假发可以解释一切有关你 2340 年莫西干发型的问题。

美国独立战争（公元 1775—公元 1783 年）

最终，英国在美洲的十三个殖民地认为它们受够了被大洋彼岸的一个名誉国王统治，受够了纳税却没代表权，受够了翘着小指头喝茶。于是《独立宣言》问世，它们自立为"有史以来最伟大的国家"。

混进人群

如果你是英国口音，务必抛弃之（同时抛弃"如何"）。

带上猎枪，活用"站直，向你三英尺外的人开枪"这句话。

注意躲避，活用"站直，向你三英尺外的人开枪"这句话。之前从没人想躲避。

红色：最糟糕的伪装。

如果你聪明但是丑，可以跟本·富兰克林混。虽然他像个长毛大脚怪，但是女人爱他就像爱最新款手袋一样。向他请教一些技巧，或者观察模仿。

去一趟国会大厦，告诉熊肘先生我们爱他 [1]。

法国大革命（公元 1789—公元 1799 年）

此时是政治历史上的转折点，法国人的暴躁脾气占了上风，他们把拥有数百年历史且久经考验的君主制度在数年间就彻底抛开。法国大革命铺平了通往民主的道路，为不可分割的人权 [2] 进行了持久缓慢的战斗，等等等等：历史书上的法国大革命看起来很不错，但实际上这一时期比较毛躁（并不只是因为法国女性拒绝剃腿毛）。

别穿华丽的服饰。贵族和他们的豪华服装都是敌人！

"**抵抗万岁**！"——这句话大革命期间可能有也可能没有，但如果它流行了对你肯定有好处。不要在衣着华丽的人旁边说。

如果有人给你蛋糕，那就吃了它。历史就是这么走的。

"**路易十六万岁**！"——如果你被劫持了，并且绑起来，排队上断头台，可以用这句话。但不可能帮你有尊严地死去，你这个保皇党的猪。

当断头台铡刀朝着你那碎牛肉一样的脖子落下时，记得做鬼脸。等你的头落进篮子里这个表情就能永久保存了，特别搞笑。

有疑问时，随便揍个人，或者烧点特别贵的东西。暴动就是这么干的，是法国人发明的。

应付能杀了你的人

海盗

随着殖民主义扩张，欧洲国家也往海上发展，大宗货物漂洋过海。任何时候，把贵重物品从一处移动到另一处，都不可避免地招人惦记。在狂风怒涛的海上，那些胆大妄为的坏蛋就是：海盗。

你可能会想："就是那些带鹦鹉的人吗？为什么生活在水上，穿绑带衣服，

---

[1] 他喜欢见面用拳头招呼别人来表达爱。
[2] 此后一直维持得很好，然后外星人来了，把它给分割了。

热爱动物的人会危险？"就是这种态度会让你被生锈的大刀劈死。

你可能会发现自己满怀着旅行的冲动站在殖民时代，你可能发现自己正在一艘船上。你每一次出海都会面对海盗——尤其是你在 17 世纪的加勒比地区度假的时候。

关于海盗你需要知道：

• 他们会无休止地找宝藏藏宝藏。如果你扔下某些闪耀的东西，海盗会不畏艰险去捡回来。

• 海盗是地球上最早的赛伯格。你会看到一个海盗为了炮火，为了海上的艰苦生活，为了酒吧斗殴或为了精确讲述死人的故事而失去手脚。但他们都用木头或金属替代了肢体，虽然移动速度变慢，但人却变得更尖锐了。注意不要和铁钩握手。

• 所有海盗都整天不停地喝酒。这使得他们人数非常少且非常危险。注意不要吐槽他们松松垮垮的衬衣和豪华大鹦鹉。

• 一生生活在严酷的大海上追着无穷尽的地平线容易让人绝望。海盗总是需要一个善于倾听的朋友，和一个没有鹦鹉的肩膀让他靠着。

和海盗打斗的时候

记住，木腿、醒目的帽子、又长又重的剑都会影响刺杀效果，而醉酒和严重的坏血病让海盗无法在陆地上追逐。跑吧 [1]！

由于缺乏维生素 C，每个海盗都有坏血病。只消一瓶橙汁就能化敌为友，而且外带一条船。

如果你不能快速射击，也不能用剑刺杀海盗，那就尝试用长矛。所有海盗的肩膀都是鹦鹉的家，而当一个怒气冲冲的畜生扑腾着翅膀又咬又抓的时候，瞄准和格斗基本上是不可能的。

绝大部分海盗戴眼罩并不是为了显得酷炫 [2]，而是为了表达在黑暗中航行并打击敌人的决心。海盗可能具有夜视能力。朗姆酒可以分散海盗的注意力并平息事态 [3]。

---

[1] 见"生存指南：史前时代：疯狂逃命"章节。
[2] 虽然眼罩在任何时代作为大坏蛋的标志都非常流行。
[3] 海盗们喜欢朗姆酒，还喜欢说"哟嗬嗬~"。

台阶、鳄鱼和木板都是海盗的天敌。当遭遇海盗时，利用这些东西可达到物理攻击和恐吓的双重目的。绝望时可挥舞 2 寸 ×4 寸的木板。

万一被海盗捉住

海盗喜欢用"走跳板"的方式处置囚犯：一块搭在船舷外的木板，被俘的犯人在上头走着走着就掉进海里 [1]。你可以做如下几件事来挽救自己的性命：

就算腰上绑着绳子也要尽一切努力不掉进水里。绳子泡在水里会散开，你还是会淹死。

如有可能，请求精灵来帮你，精灵也是海盗的天敌 [2]。

告诉海盗，国王会为你付赎金，然后赞美海盗头子那丰茂的大胡子。

海盗关键词：

YAARGH——"哈，你说真的吗？""那是水。""这就是海盗的生活。""你能带我去附近的图书馆吗？"

ME HEARTIES——"我爱你们大家。"

DAVY JONES' S LOCKER——条件很差的浴室。

KING' S RANSOM——26 美元（折合 2020 年货币）

忍者

请允许我们展开一场古老的辩论：经过约两小时紧张的科学研究，结论是忍者比海盗强。海盗杀死忍者的唯一办法就是偶然发现忍者昏迷不醒的时候偷袭，或者当忍者以一打十的时候，海盗偷偷溜到忍者的背后偷袭。而以上两种情况下，海盗也不一定获胜。

关于忍者你需要知道：

• 任何时代都有忍者。在路上和你擦肩而过的任何人都有可能是忍者。空无一人的街道、盆栽和灯光设备基本可以肯定是忍者。他们的职业就是秘密杀手、追寻

---

[1] "走跳板"也是指海盗中流行的一种做爱方式，同时还指某些 22 世纪晚期的铀核色情图片，根据法律规定我们不得详细描述。相信我们，你真的宁可掉进海里。

[2] 精灵鳄鱼什么的，都是《彼得·潘》对付海盗的经验。译者注。

不懈的复仇者、秘密保镖。切勿松懈，忍者可能此时正在跟踪你。

- 和武士不同，忍者并无尊严可言，也丝毫不关心被他们杀死的人。他们杀你，可能只是因为你拿筷子的方式不对，或者你的未来范儿惹恼了他们。但你永远不会知道对方是忍者。

- 忍者们要么是出生在忍者村，要么是被忍者大师从街上捡来的顽童，在忍者村抚养长大，要么是为了复仇自愿加入忍者村。如果以上几条适用于你，那么你也可以成为忍者，而成为忍者是你打败忍者的唯一方法。

和忍者打斗的时候

你个傻瓜居然跟忍者打架？

你多半已经输了。

如果你暂时还没输，那千万别让忍者偷走你的时间机器或发现你时间旅行的秘密。比邪恶版时间旅行的你自己更坏的情况就是一个邪恶的时间旅行忍者 [1]。

不要向忍者开枪，他们的剑可以弹开子弹。你可能被自己的子弹击中。

不要与他们比拼剑术 [2]，他们出剑的速度无人能及。

忍者可以迅速发现你的弱点，并利用它来取得胜利。如果你整个人就是个大弱点，那你可能还有几秒钟就会死了。

赛伯格忍者是最可怕的忍者。推荐呼叫机械战警支援。

忍者不会爱。如果你试图吻一个忍者，你很可能使其逻辑回路超载，也可能被割掉嘴唇。

对忍者而言，保密就是一切。因此如果你发现了一个忍者的非忍者身份，你就可以高喊："这个忍者是浩史·菲茨西蒙斯！"然后就打败他了。他会哭着跑回家。但更有可能的是，他会杀了你和所有听见这句话的人。

如果忍者杀了你的密友、双亲、真爱。你怒火中烧，成为了一个忍者，然后找到了那个杀害你的密友、双亲、真爱的卑鄙忍者。唯一比忍者更强的就是心怀复仇大计的忍者。

---

[1] 见第 5 章 "和你自己的时间战斗" 章节。
[2] 见 "生存指南：帝国时代：战争，假装剑客" 章节。

万一你被忍者捉住

忍者不关犯人。

武士

想象一下骑士，不过是日本版，而且穿着小裙子。好吧，不是小裙子，是传统和服之类的东西。武士用剑，他们十分危险，但直到 19 世纪末他们才知道枪——那是在他们没被枪整齐划一地打死的情况下。武士通常是忠于某一藩主的士兵，他们为藩主战斗，藩主付给他们军饷，也可能是给他们村里的长老。他们应该不会主动找你打架，因为他们比其他文明中的战士要矜持一点。但是如果是你惹怒了武士，以下几点可以帮你应对。

关于武士你需要知道：

他们衣服奇怪，发型奇怪，还带着两把剑。拿前头的两把剑开玩笑最终会让它们成为你身后的两把剑。

武士有一套严格的荣誉法则，要求他们为了没什么大不了的事情取敌人的鲜血（或头）。

这套严格的荣誉法则要求武士在没有捍卫荣誉时，须取出自己的内在。真的。他们会为了不存在的原因把肠子剖出来。你自己千万别参与这种事。

你可以雇一个武士为你工作，前提是你有日本封建时代的货币，或者有可以交易的东西，比如能够打开时空之门的神秘工具，或看似巨大乌龟的恶魔战士。忍者神龟。

大部分武士都很牛，假如你也很牛的话，他们会为你战斗的。

七个或七个以上一组的武士尤为可怕。

和武士打斗的时候

带上你的猎枪，好吗？这些人真的不懂"会爆炸的剑"是什么。

如果你削掉了一个武士的头发，他会马上自杀，或变成浪人，那是一种没

不是小裙子，但也差不多。

有地位、没有主人的武士 [1]。

　　如果你是忍者，那什么都不必担心。

　　武士害怕从下方冲上来的气流，因为他们不穿内裤。利用周围环境，利用对手不穿内裤这个弱点。

---

[1] 一旦他们成了浪人，以上所有规则都失效。浪人不受那套荣誉法则束缚，你不可能靠着削掉他们头发就打败他们，他们只会有点不高兴而已。要小心。

万一被武士俘虏了

通过有尊严的表现赢得他们的敬意。

表达善意，给他们的妻子孩子表演初级魔术，让他们放下戒心。

通过拳击打败最愤怒的那位，然后你就是他们中的一员了。希望你喜欢小裙子和发髻。

工业革命（公元 1850—公元 1940 年）

随着工厂和自动化机械的出现，世界进入了名为工业革命的时代。事情稍微变得文明了一点点：海盗的时代结束，童工时代和露天采矿时代开始。老西方开始流行枪战和血汗工厂。

从好的方面来说，此时在大部分西方世界，一般而言，无论何种衣着和政治倾向，都不太容易被谋杀了（取决于你的肤色和所在地）。但也有其他迫在眉睫的危险——比如该时代没有《职业安全与健康法》，劳工地位低下。

黑肺病

一种在扫烟囱工人、工厂工人、六岁起就不得不当劳工的农民孩子之中常见的疾病，黑肺病就是肺泡上覆盖了一层灰土、尘埃物质或其他黑色异物及来自自然的粉尘。为避免黑肺病，别去 19 世纪的伦敦。以及，别去扫烟囱，别去工厂干活，别成为孤儿。

混入人群

以下小技巧可以在工业革命时代消除旁人的疑惑：

一直脏着。这时代的所有人都 109% 地满身煤灰。你去煤灰里滚一圈就好了。为避免"你怎么还十指齐全？"这种尖锐问题，最好的办法就是假装你还没能抽出时间去掉几根手指头。

假装对富有的精英阶层非常气愤。

避开所有色情服务、所有妓女、所有找妓女的奇怪男人，尤其在 1888 年前后，英格兰、伦敦的白教堂区。

应付可以杀了你的人

工业革命时代，算是有史以来第一次，男男女女都为着"赶紧挣一笔钱"和"快速晋升"无比焦虑，根本没心思谋杀你。真正的杀手都采用了温水煮青蛙的方式：经济不平等、重体力劳动、吸入大量煤烟[1]。所以，别在工厂工作，绝对别去扫烟囱[2]，随身携带你的火魔杖，随时保持头脑清醒。

南北战争（公元 1861—公元 1865 年）

在此期间，那个年轻的北美洲国家突然意识到自己其实不太认同被大家念叨了老半天的《宪法》，它决定要斗争一下。

如果你发现自己恰好身在南北战争中，就赶紧选一方[3]。然后，开小差。这场战争你绝对不想打。如果你支持联邦政府，你会发现你对奴隶制懂得太少，如果你支持联盟政府，你会发现，保留那些想要杀掉你的奴隶并不是战争的全部起因。

战争本身非常血腥无情，且死者众多。森林中的伏击、山上的战役、步枪上的刺刀，这些都稀松平常。最重要的是，你决不能改变战争结果。当南方最终在 2033 年再次崛起时（史称：傻笑扎帕洛扎），事情一点儿都不好[4]。又，无论你认为你自己有多正确，内战其实就像吵架离婚，只不过大部分情况下会血流成河。

---

[1] 见"工业：工业革命：黑肺病"章节。
[2] 你知道万一卡在烟囱里会怎么样吗？很可能好几年都没人发现你。时间旅行者肯定得死得更体面点儿才行啊。
[3] 你可以根据自己的种族、衬衣颜色和你对棉花种植的看法来进行选择。
[4] 他们先是误闯了一个国民警卫队队员的生日派对，接着抵抗在三小时内就被镇压了。

混入人群

一般来说，把你政治地理上的来历藏好，这就是混过南北战争的关键，比如你从哪里来（或看上去像是从哪里来）很大程度上决定了别人会不会开枪打死你。总体来说，你最好待在加拿大。

练习你的南方／北方口音。更好的办法是假装自己是法国人。美国人当时和法国依然很友好，而且在一战以前，当法国人"超级时髦"，一点儿都"不尴尬"。蓝色和灰色的服装都应避免。遇到士兵时，不要自己看似食物充裕，士兵都很讨厌而且总是饿肚子。如果你很胖，那尽可能假装很瘦。

相对地，有很多食物可以让你在士兵中大受欢迎，只要敌方士兵不出现就好。

别客气，尽管把你的士兵朋友当肉盾。如果不成（见下文"对付能够杀掉你的人"），仅次于混入人群的第二优先选择是不要混入人群。使用被称为"地下铁路"的半公开交通系统。我们不清楚它是如何工作的，但它看起来非常地不言自明。

对付能够杀掉你的人

愚蠢的士兵

不管你对南北战争有何想象，事实是，双方部队里都有大量缺乏军事训练的士兵，其中大部分连制服都没有。联邦军队比联盟军队稍好一点，但你绝不想惹恼他们任何人，他们的政治观点基本上就是"强迫他人和你成为朋友"或"强迫他人为我干体力活"。

避免

被枪打死或刺死——两者结局都一样。

炮弹——如果炮弹笔直向前然后爆炸，那大概不会疼。但是，它们通常都是一整颗能够砸断四肢的金属。

长着大胡子的人——不可信任。

狂野西部（公元 1865—公元 1910 年）

南北战争之后，美国一片混乱。大部分村子遭到破坏，南方尤为严重，联邦将领直接烧了那些村子。因此很多人，退伍士兵以及其他难以谋生的人都往西部去了。

19 世纪下半叶的西部，你需要注意，它被冠以"狂野"之名是有原因的。务必要知道，"狂野"这个词所暗示的言外之意。"狂野"这个词用于这种语句中："那狂野的畜生无缘无故就把比利的脸撕烂了。"而不用于这种语句："那个狂野妹不知为什么就在比利面前脱光了衣服。"[1] 在你游览狂野西部之前，请确保自己知道这两者的区别。

混入人群

让自己看起来完全属于狂野西部也并不困难。弄脏点，穿尖头靴子，戴顶帽子。不推荐粉红色。在狂野西部，棕色是年度流行色，而且每年都流行。如果你是女人或一直都想当女人，那就穿上束胸，紧紧地绑好绳子。再紧点。套上褶皱花边的裙子。尽管很容易沾上灰尘，但你是个普通女孩子啊。

如果你知道自己该在狂野西部干什么就更好了——适当的目标和技能：试着在手指上转手枪，维持仪表，假装你完全不怕你自己的马。

其他一些让你看起来属于狂野西部的技巧：

• 务农

• 经营牧场

• 喝威士忌

• 打扑克（但打得不好。当然，打得不好只是为了人身安全）

---

[1] 如果发生了这种事，整个 21 世纪的色情片市场都会致力于"复古乳房"。

- 迷恋黄金
- 学会单手脱束胸
- 喝很多威士忌

应付能够杀了你的人

牛仔

在南北战争结束至汽车问世之前的美国西部，一切冒险活动都会让你遇上牛仔、逃犯、地痞，还有随身携带六把枪的混混们。出于某些原因，这个时代特别适合各种各样的时间旅行者，也能满足他们对体验"狂野西部"的期待，结局通常是"肚子上挨了要命的一枪"，然后缓慢而痛苦地流血。如果你要去老西部，一定要准备好应付一些新品种坏蛋。

关于牛仔你需要知道：

所有牛仔很擅长骑马，但由于鞍疮，他们不擅长跑动。他们用抛绳套住牺牲品/对手这一技巧来弥补这个缺陷。

所有牛仔都天然地对机械心存恐惧，这和机能不全的感受有关。

牛仔都输不起，他们对于打牌和出老千有一套十分严格的道德规定。据说他们会踢翻桌子，捡起牌，哭着回家。

所有牛仔都有阴暗的过去，所以他们才酗酒。用威士忌就能和牛仔交上朋友——但他可能不那么有用。但至少他会在冲着你脚下开枪的时候喊："跳啊，兔崽子！"[1]

牛仔抵挡不了黄金，尤其是（a）他看不到的时候，（b）他得挖地取黄金的时候，（c）其存在值得怀疑的时候。同样适用于石油。

愚人金可以快速让牛仔变得友善，但也会让你很快被贪婪愚蠢的牛仔射杀。

和牛仔打斗时

牛仔对于所有抛上半空中的物品都会忍不住去开一枪。掏空你的口袋消耗

---

[1] 出现这种情况，就跳太空步。这样可以吓唬牛仔。

他的弹药。

牛仔的手枪只能开六枪。要数清楚。你肯定不想问自己："我幸运吗？"

用愚人金忽悠牛仔，或者直接给他也可以。这招能搞定所有牛仔，只要他相信你没有更多金子就行。

遇到神枪手牛仔的时候，应对一切争端最好的解决办法就是抢先给他一枪，最好是趁他走在大街上，正要去和你决斗的时候，或是趁他走在大街上去和别人决斗的时候。胆小怕事的活时间旅行者实在当不了英勇无畏的死牛仔。

偷走牛仔的帽子，他就会变得虚弱无力。

抓住牛仔的套索，他的头就会爆炸。

欺负牛仔的马，他会受到影响变得沮丧，然后基本上就会因缺乏自信而退出所有的争斗了。

烤豆子可以让牛仔变得迟钝又听话。

当你被牛仔捉住时：

尽力不要让他们绑你的四肢。

如果他们绑了你的四肢，尽量别让他们把你放在铁轨上。

如果他们把你放在铁轨上，等他们走了之后自己滚开。

狂野西部的糟心事

沙漠——基本上就是沙漠。白天特别热，晚上特别冷，降雨稀少，迷路作死的好地方。你知道吗？如果你死于脱水或高温，临死前你会发疯。你会吃沙子，咬自己胳膊，会去打石头，因为它瞪你了，接着你会昏迷，因痛苦、高温和屁股里的沙子而失去神志。

牛仔——见前文的"应付能够杀死你的人"章节。

黄金——很多居民带着他们的家眷、痢疾、死牛、烂车子向西进发，只为发现黄金，让自己从此走上康庄大道。但是，想也知道，在一片荒野中根本没有大道。绝大部分人根本不打算当真去采矿，所以他们只是在小河的石头底下找找，然后就全家都饿死了。小河的石头底下也没有免费午餐[1]。

（伪）印第安人——白色恶魔定居者们向西部进发时，他们的新敌人就是显然已经提前住在那里的土著人部落。这件事的结局非常悲惨，但出于实际的原因，你必须知道，如果你看起来像是部落敌对方的白人定居者，这些人会先剥了你的皮，然后再杀死你。剥皮的时候你还活着，而且特别清醒。

假装知道如何进行枪战

在狂野西部，唯一一样比洗澡更罕见的事物就是善举。假如说你在西部瞎混，很可能就会惹到什么人。然后那个人就会用某种火器威胁你，然后你们要么拼酒量要么枪战。所以你必须假装自己知道如何进行枪战。

1. 带一把枪——这是关键。

2. 拿枪指着你想要打的人——除用枪械恐吓他人以外，其真实目的是展示你真的知道该用哪头去吓唬人。

3. 扣下扳机——枪响的时候尽量不要吓得把枪给扔了。

4. 跑——万一你打偏了，或那人虽然被吊灯砸中但一时半会儿还没死，那就必须马上跑。记住——之字形前进的目标更难打中。

---

[1] 实际情况：狂野西部没有爱尔兰矮妖精。

第一次世界大战（公元 1914—公元 1918 年）及 20 世纪初

20 世纪早期所有战争中最惨烈的一场——第一次世界大战见证了很多残酷暴行：堑壕战、海战、毒气，以及最可怕的——机关枪的发明及使用。战争通常都可归结为某个混账东西命令士兵们拿机关枪扫射，直到某人躲在人墙之后运气绝好地冲上来把枪手打死为止。

当你在 1915 年前后游览欧洲时，你一定要避开法国和德国的大部分地区，尤其要避开头盔上长了一根尖刺的人，这些人都不怎么友好。如果你被卷入敌军阵地，请务必确保你是船 / 吉普车 / 特洛伊木马上的最后一个人。

芥子气

在第一次世界大战中发挥了巨大（恐怖）的影响，芥子气是化学武器的第一例。不要把它和 21 世纪加入熏牛肉奶昔中的美食香料混为一谈，工业革命时代的芥子气是你绝对不想吸入也绝不想放在三明治旁边的一种东西。

枪

你逐渐开始注意到，猎枪和其他军械已经不再轻易占据上风了，它们成了必需品。不管是在战争中被俘，还是在狂野西部闲逛，或者去屠杀尚未被高速运转的金属干扰的文明，你都需要一把枪，或者至少要和有枪的人做伴。

大枪

即使你有枪，枪的用途在这个时代也变得多样化了。除了标准的短程步枪，现在还有为方便携带、方便单手设计的小型枪（手枪），也有为同时（或短时期内）打击数个目标设计的大型枪（加特林机关枪），还有为发射大型燃烧弹或金属固态弹药而设计的枪械（榴弹炮）。

汽车

好消息！在 20 世纪的转折点上，汽车问世了。坏消息！它们很不好用。

你避开 20 世纪初期汽车的原因如下：

- 你很可能跑得比绝大部分汽车都快。

- 马绝对比汽车跑得快。

- 在开车之前，很多都需要用手摇柄发动：逃命的时候很不实用。

- 你需要一些"防止虫飞进嘴里"的装置，因为这时候挡风玻璃还被认为是在搞笑[1]。

- 抢劫、劫持、上船、追火车的时候都没办法用车。

- 只有卵石路：它们会让你永久性口吃，外加侧腹瘀青。

第二次世界大战之后，汽车有了长足发展，空调、安全气囊、比马匹更强劲的引擎等东西流行起来。在那之前，你还是继续骑马吧。

修复时间机器

随着技术像狂野西部的火车头一样吭哧吭哧不断前进，你修复时间机器的方法几乎就要和破坏时间机器的方法一样多了。煤炭！蒸汽！拉模铸造！奴隶[2]！除了没有胶布以外[3]，基本上每一种容易损坏的时间机器零件都能在这个时代找到。

由于我们已经听到你瓮声瓮气地要求我们说明白点，所以现在给出时空事务管理所推荐的修复时间机器建议[4]。你只需要一点儿想象力，一点儿众所周知的体力活，一点儿真正的肘部润滑油，以及较低的道德水准。

蒸汽朋克

如果你穿着燕尾服，高礼帽、束胸、单片夹鼻眼镜，那你基本上就可以使用蒸汽动力来驱动所有未来的技术，还可以使用各种黄铜管和仪表——任何有

---

[1] 你的马有挡风玻璃吗？
[2] 别用奴隶。
[3] 核动力、电脑、口香糖和高分子聚合物也都没有。
[4] 意思是说我们得到批准前来推荐一些方法。而这些方法本身并不值得推荐。

仪表的东西。事实上，蒸汽也不需要花很多时间，只要你把黄铜和木头赏心悦目地组装在一起就好了。

不管是何种损坏，以下四步可以让 1880 年的纽约变成 2030 年的迪拜：

1. 成为一个富豪工业家。你所需要的财富和资源秩序，只需忍受贵族阶级的白眼就会有 [1]。

2. 收集和时代相符的服饰。越是怪异的维多利亚风格越好。看起来不古怪蒸汽朋克的办法就不会奏效。

3. 用手边的材料制造你需要的东西。黄铜小玩意儿和大型齿轮组最好。

4. 找到给你的时间机器提供能源的方法。前三步基本没啥用，看下面。

烧煤

19 世纪最丰富最常见的能量来源，所以没有人会注意几吨煤和一家奇怪的工厂——这些是你从时间机器里一个从未引起过注意的表盘上得出一个读数

---

[1] 运用你关于未来的知识发明一点有用的东西，但是不要发明轧棉机——艾利·惠特尼是我们的人，而且他会长期占据教科书上的重要位置。

的最小用量。

燃烧足够发动时间机器的煤，那就需要很多家这样的工厂和大量童工在工厂干活[1]。你有可能对环境造成永久伤害，但我们基本上已经搞清楚了[2]——别哭了。

所以，又来啦，如果你要得到煤炭，你需要……

劫持火车头

它们足够大，是金属制成的，以煤作为动力而且可以达到 88 英里／时。如果你的时间机器太烂了根本没法工作，相比建几座烧煤的工厂，更简单的办法是把时间机器改装到火车上去。

当埃米特·布朗博士将劫持来的火车头改造成时间机器时，他该庆幸通量电容器还在自己手里。而从那之后科技又取得了很大的进步：博士很快也知道了，布朗毫无疑问是采用了蒸汽朋克的技术。

这儿，试试吧：

1. 用你当牛仔时的骑马技巧在一辆飞驰的火车旁狂奔，然后跳上空车厢。

2. 替代方案：偷一列停着的火车。

3. 用你当牛仔时的射击技巧冲向火车机车。

4. 替代方案：一开始就去火车头。

5. 用蒸汽朋克技术将你的时间机器和火车引擎连接起来。希望你把东西都带齐了。

6. 使劲铲煤，缓缓拉下节流阀。注意赶在铁轨走到尽头或是撞上对面的火车之前达到 88 英里／时的速度，对面的火车有可能是邪恶版时间旅行的你自己或竞争对手工业家开来的。

7. 小心计算把爆炸物加入引擎的时候以便提速。加得太多燃烧室会炸掉整个机车。加得太少你无法进行时间旅行，结果就只是成了一个火车小偷而已。

---

[1] 见"生存指南：工业时代：黑肺病"章节
[2] 正如我们经常在办公室边打乒乓球边说的：没有买卖就没有杀害。

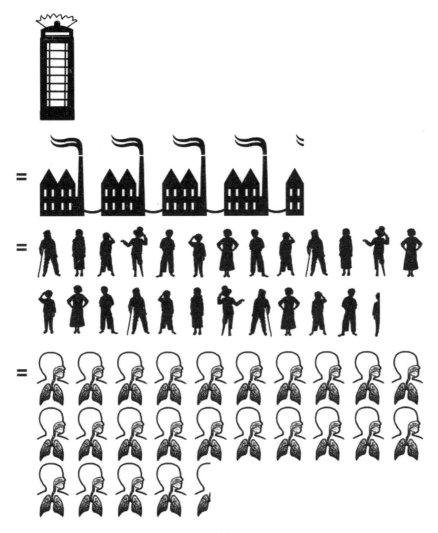

时间机器动力换算为童工

　　8. 恭喜！你进行了一趟火车时间旅行。希望你选择的铁轨在你自己的时代也依然存在，否则当这台火车被破坏时，你是无法从远处观望的 [1]。

---

[1] 因为你在车里啊，这不是明摆着吗？

万一在东方

如果你被困在亚洲某地，收集蒸汽朋克服饰，蒸汽朋克零件和蒸汽朋克机车头就不太现实了。简单替代方案如下：

1. 捉一只皮卡丘。
2. 选中它。
3. 对你的时间机器使用十万伏特技能。
4. 特别有效啊！
5. 时间旅行。

在各时代生存：电脑时代

公元 1940—公元 2040 年

（第二次世界大战至完全依赖电脑）

如何得知你身在电脑时代

- 污染
- 枪械
- 手机
- 不智能，毫无杀意的个人电脑
- 因特网
- 蓝色牛仔裤

你应该携带

- 本指南
- 火魔杖 [1]

---

[1] 还是把它放在时间机器里吧，不然你会吓着不少人，然后最终被警察击毙成为晚间新闻上一条有关精神病人的小报道。

- 跑鞋
- 旋转式两轮运输工具
- 一袋土豆
- 钱（2055 年之前带美元，2055 年之后带墨西哥比索，没人能料到，但事实如此）

简介

欢迎来到时间旅行诞生的年代——科学的时代，进步的时代，接近核灭绝的时代。这是个技术飞速发展的时代，但又没有发展到征服其创造者的地步。这个时代可以被简单描述为创新、全球化、繁荣、贫穷、愤怒的胡子，以及只要技术未能实现人们的高远梦想他们就立刻四处播报对于世界的抱怨。

为你的便利着想，读者们，其实这张只包括两个主要且有所重复的部分："原子时代"即 20 世纪上半叶至 1989 年冷战结束，"电脑时代"即从 1950 年至本章结束，约 2050 年。搞清楚自己究竟是在哪一部分晃荡是享受乐趣躲避政府解剖的关键。我们会讲到的。

记住，虽然这个时代让我们可以进行时间旅行，给予了我们可以往空中和视神经投影色情图片的智能手机，这些似乎都很棒，但是电脑时代也有很多危险——只多不少，因为色情图片会让人分心。作为一个时间旅行者，在时间旅行尚不为人所知的时代进行旅行，你就好比背上有个靶子，脸上也有个靶子，腹股沟处还有个靶子。这种技术全人类都未理解，也无法负责任地使用：你必须守护这个技术以及和你生命相关的秘密。你还要在时间旅行中保守自己的秘密，因为市政当局，政府，纳粹和时不时出现的大反派都想得到你那因辐射而疏松变质的大脑里的知识。

原子时代

和电脑一样，亚原子的发展和研究是电脑时代决定性的技术进步。相关科学及实验让人类得以：

- 杀死无辜的生命
- 杀死有罪的生命
- 威胁一切生命
- 结束二战
- 煮一些冷冻物品，但要不是出现了快速解冻技术，这些东西压根儿就不会被冷冻起来。
- 报时
- 恐吓全人类
- 不管是"电影里"还是"现实中"，都无法抵挡外星人入侵。
- 给你的时间机器提供能量

原子能产生了无法估量的影响，远不止在这个时代，而是影响过去和未来的诸多时代。理解原子政治和科学的复杂性非常重要，或者，至少要知道如何操作微波炉。

炸弹

顺应潮流，为了以更大规模更高效的方式杀死敌人，强力的政府发展了原子相关的技术。敌人主要只是轴心国：德国、意大利、日本。

当时有德国的叛徒、时间旅行之父阿尔伯特·爱因斯坦，以及很多同样聪慧只是略为迟钝的科学家，借助他们的聪明才智，美国政府开始实验多种原子爆炸方式。在制造出数百平方公里的沙漠和更大面积的半沙漠地带之后，他们找到了一种让氢核裂变的方法，其效果犹如把一个安静温和的少年带去看网络色情图片。整个游戏规则都变了。

有关所谓"核武器"的一些重要事实

- 不是一种精确打击的武器
- 会出现巨大蘑菇云
- 无差别打击人和土地
- 把某些地方变成不可进入之地，包括：日本的广岛和长崎（世界上最早的两枚核弹于 1945 年投下），比基尼群岛（核辐射造成了巨大喷火的哥斯拉蜥蜴），切尔诺贝利（一场核事故），内华达（核弹实验结束后，主管约翰·卡朋特在山中发现了变异的人类，他们竟然有眼睛）。
- 焦点变成了"看，我的更大！"竞赛，世界几大主要势力这样较劲了几百年。
- 看谁不顺眼，看任何东西不顺眼都可以扔一个。

如果你发现自己处在即将发生核爆的地区：

离开那里——显然没时间了。

然而，如果你倒霉催地跑不掉了：

蹲下隐蔽——藏在桌子下面不错，或者蹲好头顶一本厚厚的书 [1]。

然而，如果你蹲不下来隐蔽不了：

找个电冰箱——把旁边的电冰箱里的东西搬出来，爬进去，关门 [2]。

然而，你竭尽全力但还是被辐射了：

计划——想象一下，等你的皮肤长回来之后你将拥有何种超能力。

提问——你为啥不去别处时间旅行呢？

钟

除了能够把皮肤熔化掉的恐怖爆炸以外，原子开辟了新的应用领域：精确的领域。通过使用超冷却原子，原子钟改进了标准齿轮和发条组件，以紫外线和电磁频率报时。

---

[1] 别用这本书。它非常重要，而且不是硬皮精装。
[2] "核爆电冰箱"是核试验中常见的测试基准。如果测试对象在冰箱里躲过了核爆，测试对象即被认定为英雄，而炸弹本身则被认定是在胡闹。测试对象的生存概率大体维持在 4%，但考古学家的生存概率却相当（且奇怪地）高。

你需要一个原子钟，但重点不在于它们的工作原理，而在于一刹那间就能造成平稳着陆和掉进一桶滚烫的炒豆子两种结果，当然要越精确越好。

埃米特·布朗在德罗宁时间机器上造出了一个初级的原子钟，但是更精确的钟是在 20 世纪 90 年代问世的，当时大家对药物的态度都挺宽容。科学家甚至使用"镭射"[1] 把原子降低到接近绝对零度 [2]。

到 2010 年，马里兰州实验室的书呆子们放弃了向大学运动员们报仇的想法，转而把原子钟改进为量子钟——你没猜到吧。

如果你有钱可烧，那么就算是最低配置版的量子钟也很值得推荐；单看铭牌分不出来的。即使是早期书呆子版的量子钟，运行 3 亿 4000 万年也只会慢 1 秒钟。而原子钟，每 1 亿年就会慢 1 秒。确定你的时间机器里安装的哪种计时器，在进行时间旅行时把这个误差也算进去。

注意：要有两个量子钟才能通过相对关系准确报时。尤其是：一个要放在运动物体上，一个要放在静止物体上。这就是相对关系。

核能

你大概已经知道了，核能现在已经被合理使用成了高效清洁 [3] 的能量来源。它非常高效，非常可控，事实上它（很可能）是唯一能够给你的时间机器提供能源并使之运转的东西。更多有关此项科技的内容见"生存指南：电脑时代：修复时间机器"。

微波

两个多世纪来，微波是烹调食物最快最好的方式。在微波冷冻技术流行起来之后，微波烹饪变得非常有用，由微波冻起来的食物可以很快再由微波解冻。小贴士如下：

---

[1] 作者在写下这个词时也是抱有怀疑的，除了做爆炸物和逗猫以外，"镭射"似乎可以用于任何地方。
[2] 这是个非常非常冷的温度，就算是企鹅撒的尿也会在半路上冻住，而且原子也停止运动。
[3] 除了反应堆爆炸、核泄漏、不当弃置核废料以及人为失误以外。

- 开始之前要关门。我们不想辐射到你，辐射你的食物就够了。

- 别管那些个预设置按钮。除霜就是扯淡。

- 可能炸伤小型动物和热狗 [1]。

- 工作原理是，使你食物／饮料／小动物中的水分子旋转，如同让分子们跳萨尔萨舞蹈：分子转起来之后东西变得更热。

- 所以说，不管你煮的是什么，其中的水越多，就越不需要使劲煮——大概吧。

- 过度辐射的食物会变成橡胶状，而且一连几天屋里都会有那个味儿。

错误　　　　　　　　　　　　　　正确

手机

20 世纪末至 21 世纪初人类最主要的移动通讯手段，主要效果是使整整一代人不孕不育。手机还是我们不知不觉屈服于机器人统治者过程中的一个重要角色，电脑时代手机主要用于通讯和浪费时间，同时还用于跟踪他人，不管那人想不想被跟踪。一些使用小技巧：

- 手机会引发肿瘤 [2]。除非穿着铅制内裤，否则别把手机放在裤子口袋里。用有线手机耳机，避免造成头部肿瘤流行。

- 避免使用蓝牙耳机，因为会增加癌症的风险，而且看起来也很蠢。

---

[1] 一次性。

[2] 对 20 世纪的人们来说，长期收发来自太空的电磁辐射可能会破坏你的"那个"和大脑，真是个大惊喜。（"那个"是哪个，我不说你们也应该能猜到。——编者注）

- 时刻牢记重要的手机号码。如果你正逃离时间旅行忍者的追杀，结果不小心把手机忘在出租车里，冲着公用电话喊"打给妈妈，手机！"是没用的。

- 如果你对生活感到忧虑，就把敌人的手机扔得越远越好。扔进水里最好。如果不从脸书和推特等"网络设计媒体"上随时更新有关亲戚朋友的流言蜚语——约十至二十秒刷新一次——21世纪初你的敌人根本不会存在。

- 大一点的手机可以用来揍人（只能用一次）。

- 小一点的手机可以藏在各种小洞里[1]。记得要关闭振动模式。

- 特别警惕：任何政府都可以通过手机、电脑和卫星技术追踪你，为避免被身份识别，请销毁你的 SIM 卡[2]。

- 销毁 SIM 卡可能导致你的手机无法使用。

电脑

电脑就像种子，它最终引起了机器人崛起、机器人奴役人类、人类起义推翻机器人，这种子在早期需要一座庞大的建筑来存放单独的一台巨型电脑。早期电脑只能完成"相加""哔哔响""把结果以二进制打印在胡乱打了孔的纸上，所有的孔必须在结果的另一边"，但这些只是个开始。

有一段时间，电脑迟缓而笨重，用途不多，但很快人们造出了更小，更"友好"的电脑，外观和功能之间的界线消失了。这是人类干得最荒唐的一件事。电脑监视着人类的生命体征，保管着政府机密，控制着武器，魔法似的往空中发送各种信号，甚至在人类发现之前就掌握了各种技能，比如打电话、控制路灯、驾驶飞机、列杂货店清单等。长期如此，人类渐渐忘了它们的工作原理。

[1] 你懂的，为预防突发事件。
[2] 你可能会以为取出电池就够了。不！必须彻底销毁。

在这个时代，操作电脑占据了生活中很大一部分时间，当然，时间旅行者在这个时代里也需要操作电脑，不过会相当困难[1]，如果遇到紧急情况，用电脑基本是不可能的。以下是在这个时代里遇到紧急情况[2]时操作各种电脑的方法：

大型的，占满整个房间的电脑——召集一组操作员。要他们按各种按钮，直到灯开始闪为止。花30到45分钟打印结果。找最听话的操作员作为人质，让他拿装满政府秘密文件的纸板箱（很重哦）。

控制武器的电脑——吃一桶银杏果，因为你需要每一个和记忆相关的神经突触活跃起来。你只能看到每隔几秒钟绿色的线（雷达）扫过绿色光点（敌军或盟友），以及他们和你（屏幕上中心点）的位置关系。一般来说，你不能改变导弹的既定目标，因此在按下"发射"按钮之前，确保某个俄罗斯小镇活该挨炸。

早期个人电脑——基本都是小巧新奇的廉价实用品，但便于在第一代光盘上存储最高机密，光盘是一种便捷但业已过时的技术。

教育用电脑——别让自己被这个可爱的大怪物骗了："数字粉碎传奇"其实是为伪装成游戏的数学教学软件。要记住：永远、永远、永远要涉水渡河。

晚期个人电脑——在没有无线网络或脑干纳米机器人链接的情况下基本无用[3]。另外，如果不在插座旁边摆张桌子，你绝不可能连续待几个小时去完成手边的工作，这工作还得比电池没电更重要才行。在这种情况发生之前，请在你的社交网络上迅速发布你对咖啡馆装潢和拿铁的抱怨。

平板电脑——曾经牢不可破的极大部件如今成了一片薄薄的，黑科技一样的超级电脑。这是通往人类毁灭的单程头等舱票，只不过以高科技形式呈现。当你对"app store"里的酷炫游戏趋之若鹜，拼命下载的时候，别忘了人类即将毁灭。那些游戏居然大部分都免费[4]！

---

[1] 去问问20世纪的爷爷奶奶们就知道了。
[2] 以"生存指南：电脑时代：逃脱政府追捕"章节作为你遇到紧急情况的例子。见"生存指南：电脑时代：因特网，因特管道和因特脑管道"章节。
[3] 只在2018年后使用，2019年因"纳米机器人吃脑综合征"而停止使用。
[4] 当你在平板电脑上玩"愤怒的小鸟"时，别忘了你得到的每一分也代表了你的电脑在扫描你的大脑，其目的是奴役你。

大脑直连式神经植入交互界面——所有电脑中最厉害的。如果你能找个厉害的 Windows 技术人员兼脑外科医生把这些东西安装进大脑里，就赶紧去安——但前提是你在机器人时代到来之前，先活过电脑时代。神经植入交互界面芯片会向使用者的大脑皮层发送信号，将人类变成僵尸似的奴隶去围捕其他人类[1]，或有选择性地煽动某些动物[2]。

逃离大政府追捕

坏消息，无畏的时间旅行者们：电脑时代的危险比其他任何时代都多，且全都瞄准了你，你这个时间错乱的家伙的心脏。这个时代的科学一路疯跑，新发明出现的速度远超人脑所能接受的程度，而大政府[3]重点关注着下一次问世的尖端技术能否让自己控制全球资源，同时在鸡飞狗跳的政治博弈中胜出。

因此，科学上的异常事件都备受关注，并被标记、追踪，然后捕捉、研究、审讯、拷打，继续电击，最终被解剖。谁都逃不掉，从坠机到地球上的外星探险家（好的也逃不掉，不单是那些狩猎人类玩儿的，用人类孵化宠物胚胎的）到被变异动物攻击过的青少年，他们不过是用蜘蛛－猫的杂交超能力做点好事而已。如果你还没想明白，你也在这个名单里头了。

但是任何一个科幻小说家都会跟你说，大政府在外星武器、非致命性超级核武器、时间旅行技术方面发布的消息都非常不可信。他们只用这些技术做一些恐怖的事情，比如杀死希特勒[4]，代替他统治世界。绝不要信任人类。

如何逃离大政府

- 扔掉你的手机[5]，不用信用卡，远离监控摄像头。你有没有什么办法整整容，

---

[1] 在《机器人－人类废止奴役和平法案 0011001000110000001101100011010 协议》签订后，该信号发生了改变，致使机器人崛起类保险大为增长。
[2] "那是什么啊，莱西？提姆的智能手机好像有自我意识了？"（莱西是电影《灵犬莱西》中的主角狗。译者注。）
[3] 我们此处所说的"大政府"不是指统治某一个国家的小政府。所有的政府都暗中勾结，密谋统治全人类，你知道的吧？学校里头不教吗？
[4] 见"生存指南：电脑时代：第二次世界大战，希特勒"章节。
[5] 见"生存指南：电脑时代：手机"章节。

或改改 DNA ？

• 散步的时候请尽情偏执（含跑步的时候，但不包括说话的时候）。注意路上穿西装戴眼镜冲着自己衣领袖口说话的人。如果一个人不停地摸自己耳朵，打他 /她的脸然后逃。

• 别跑，跑的话太可疑了。

• 别让他们把你追进死胡同。

• 最好的办法永远是修好时间机器离开这个鬼地方。逛附近的垃圾场和核废料弃置点可以加快修复进程。

• 不要跟别人说你的时间旅行丰功伟绩。原因有二：（1）他们很可能认为你疯了，我们有不少时间旅行者被关进装了软垫的房间。（2）他们可能是"那些人"之一！

• 找到大政府装秘密电脑的房间，电脑里就有大政府的秘密。威胁他们不大赦天下就公开他们的秘密 [1][2]。

互联网，互联管，互联大脑管

人类共同的最大共识，全球信息网络。很可能是在由英勇没胡子的阿尔·戈尔领导的上议院附属组委会中达成的，他们没用到一点点电脑知识，全凭一迭声的长吁短叹。

此后的五十年中，互联网，大家是这样称呼它的，因特网使大家能够分享各种信息，从航班的秘密到八分钟名人午餐（或非名人午餐）简介。人们可以在网上观看特别滑稽的熊猫打喷嚏视频，可以看穿条纹衫的人打球，还能预订外卖食物，这样就不需要和在厨房里大喊大叫的傻瓜打交道了，这些人连自家饭店菜单是什么都不知道，或者可以培养审美观，甚至于推翻腐败的政府。此外还有很多很多，数以百万计的堕落性行为。你绝对不会忘记这一部分。

稍后，互联网的迭代发现，相当大部分的注意力都集中在猫身上，包括它们的通用语和方言，它们把捕食伪装成运动的行为，以及它们和人类的社交活

---

[1] 见"生存指南：电脑时代：如何操作各种电脑"章节。
[2] 有趣的是，事情似乎总是这样收场的。要么是你通过时间旅行逃跑于是骤然停火，要么就是你在手术台上被开膛破肚。

如果你有时间旅行的敌人，你必须对自己的社交网络账号严格保密

动。更晚些时候的迭代深入网络，直接进入了早期使用者的前额叶。再晚期的迭代则回到非网络深入的理念。

如何使用互联网

- 找到一台可以联网的电脑。

- 找到电脑上那个看似和互联网有关的按钮。希望上面有"全球"或者"哔"之类的提示。

- 什么也没发生，于是你很愤怒。

- 向电脑提问。打它侧边。

- 看周围有没有别的电脑和电线。发现自己完全不知道那些东西还有电线是干什么用的。

- 点击或触摸电脑上的东西。等待事情发生。

- 再打它几下。

- 再看看电线。尝试拔一根线下来。事情似乎不对劲，又或者其他什么东西不工作了，那就赶紧把线插回去。

- 再次和电脑说话，这一次语气更强硬。威胁它。

- 看周围，发现一个年轻人，给他/她一点钱，让他/她帮你连上网络。

- 问一些蠢问题。（"这个按钮是干什么用的？""什么办法可以马上给肯尼亚王子打一笔钱？""现在几点？""你能谷歌到我的推特吗？"）
- 给钱叫外卖。

音乐剧——最重要的沟通方式

在电脑时代，音乐是文明的重要里程碑，也是最主要的交流方式。在电影及后来的"有声电影"问世后，西方人突然发现，通过合唱和歌舞表达思想和感情是交流方式革命后又一合理的步骤。

如果你发现自己被困在 1940 年以后的世界，完全无法交流时 [1]：

- 回忆一下你的踢踏舞课程。
- 慢而平稳地说话，说到一半转为唱歌。下次撞见诗歌时，要听音乐。
- 别担心记不住歌词：你知道所有的歌词。
- 周围那些人也知道所有的歌词，而且会很快和你一起跳舞。
- 利用周围环境加以强调。表现下雨或跳着爵士舞穿过喷泉都是很好的选择。让路人也参与舞蹈，或借用他们的东西进行表演是高级技能。
- 你差不多快结束的时候，你的信息接收方应该也不再迷惑，如果信息确实被理解了，他 / 她会加入你这边。
- 唱完了歌之后，一定要保持姿势深呼吸几口。带着诡异的希冀之情望着信息接收方。
- 别担心那些看热闹的，他们会马上回去干自己的事。两周之后他们就会收到委员会寄来的账单。
- 如果你不会跳舞，或者是个音痴，那不建议通过音乐沟通。如果你想象自己是个艺人或者时髦女郎都无法沟通的话，那就迅速离开本时代，因为你离本地精神病院很可能只有一场交通事故的距离。
- 如果你需要一些恶名（本时代的稀缺商品），而你的音乐沟通技巧已经炉火纯青，那么你可以尝试让学员给你发个奥斯卡奖，虽然你实际上只是在舞台前头架了个摄像机 [2]。

---

[1] 这是因为语言障碍、口音障碍、智力障碍、感情障碍和防弹障碍。
[2] 还有 YourTubes 这种东西，帮你在网上传播视频。

修复时间机器

1. 确定你的时间机器哪里坏了。

2. 把那个东西拔出来。

3. 去商店或者垃圾场。

4. 买 / 偷一个你拔出来那个零件的替换件。

5. 把新零件插回去。

6. 时间旅行 [1]。

时间旅行的诞生——千万别搞砸了

对于时间旅行的诞生，你需要了解的是：零。如果你实现不知道时间旅行诞生的事实，或者它出生时你没有在场——喊"用力！"什么的——那你就离时间旅行的诞生远一点。因为你很可能把整件事情搞砸，引发一大堆的悖论，毁了宇宙生命及一切，包括本书的销售数据。

第二次世界大战

这是很大的一次，终结了一切战争的战争——直到下次战争发生前。1938年前后，整个欧洲都发疯了，开始互相打打杀杀。德国在纳粹的影响下联合日本和意大利，决定掌管全世界。"轴心国"的势力被英国、苏联、美国以及全世界各地的士兵遏制了，包括加拿大和澳大利亚 [2]，但不包括瑞典 [3]。那是一场恶战。

这场战争之前有诸多铺垫，当时发生了很多可怕的事情——包括但不限于，俄国革命，空袭珍珠港，还有大屠杀。本书不是历史书，而是生存指南。你需

---

[1] 见：有关你如何建造时间机器的记忆。
[2] 澳大利亚真是离战场特别远（二战期间位于太平洋战场的澳大利亚遭遇日军入侵，战况激烈。所以他们一点都不"喜欢"。译者注。），但他们还是加入战争，因为他们喜欢。他们还喜欢烤虾串。
[3] 这个愚蠢的立场导致他们在 2016 年瑞典／格陵兰岛战争时备受攻击，整个欧洲都表示："吃屎吧，瑞典。"唔，其实他们说的是："吃屎吧，新格陵兰共和国。"但我们不能太过分。

要知道的是 1935 至 1945 年间，整个欧洲都不太平。去那儿的话后果自负。

关于第二次世界大战你需要避开的是：

希特勒

这个人出于完全错误的缘由定义了大半个 20 世纪。在时间旅行者中，他是个分化性的人物。非直接的原因在于，时空事务管理所的很多预算都是因时间旅行者想将这个蠢货从历史上抹去就此拯救苍生而产生的。但是：

如果你想在希特勒给世界带来疯狂的杀戮、仇恨、战争、种族屠杀之前，尝试暗杀这个彻头彻尾的混蛋，你必须遏制这种冲动。战争和大规模的死亡固然可怕，但正是历史的点滴形成了未来的生活、政治、边界、合约、理念，而且不管我们怎么想，是历史形成了我们所知并即将熟知的世界。虽然我们很容易指出暗杀希特勒是个创造"更好"世界的机会，只需要个人的行动就能杀死他，但是，你必须遏制住这个念头。

所有时间旅行者都知道（我们也在本书中写了），它极有可能让事情变得更加、更加糟糕。如果你回到过去暗杀了希特勒，有些事情很可能或绝对会发生：

• 另外的人成了"希特勒"。第二次世界大战和大屠杀还是发生了，只不过纳粹领导人成了某个不那么疯不那么急躁的家伙，而且他不会犯那些导致希特勒死亡的战略性错误（你好，俄罗斯？）。同时，回到未来看看，希望你不是犹太人。

• 查理·卓别林的胡子依然流行。

• 你妨碍了自己的存在，于是撕裂了时空，（理论上）引爆了宇宙。恭喜你，你这个时间中的希特勒！

• 宇宙把它全部的愤怒都倾泻在你身上，它要理顺历史的困境，并把你困在无穷无尽的悖论里，你会无数次地遭到谋杀直至永恒。

• 你阻止了第二次世界大战，拯救了数以百万计的生命。但是你改变了数以百万计的死亡、出生、婚姻，等等。通过杀死一个满头油腻的家伙，引发了巨大的变化，这将导致你的未来面目全非——等着瞧吧，比面目全非还要惨。仔细想想：

比希特勒还坏 [1]。都是你的错 [2]。

大得多的枪

装甲坦克 .50 口径机关枪、单引擎战斗机，哦，对哦，还有原子弹。第二次世界大战期间武器的发展非常迅速，所以除非阳光充足，而你又想尝尝 V2 火箭的厉害，否则别去交战的海滩旅游。

潜水艇

文艺复兴和工业革命期间，公海因为海盗的存在而危险，到了 20 世纪，冰山和 U 型潜艇成了新的威胁。有时候，被怀疑给身处欧洲的盟军（或轴心国）运送武器的船只会被潜艇击沉。长话短说：远离任何名为"大坦尼克"和"果汁尼克"的船只 [3]。

宣传

不要相信你看到 / 听到 / 别人告诉你的或印在海报上的任何事情。事实上，不要相信任何事情，你现在所在的这个时代信息受到管制。邪恶政府和强有力的第三方都想控制你的观念。啊，对，你可能会说："还有啥新鲜事？"但是在这个时代，你的朋友和邻居单独出门的时候，他们相信自己真的和希特勒（或犹太人，或同性恋，吉卜赛人，或黑人，或白人，或其他任何因长雀斑而麻烦缠身的人）在一起。可能你没有受到影响，但其他人可能已经被影响了。他们是举着火炬的邪恶无脑暴民。

纳粹

我们憎恨纳粹。但是去往第二次世界大战期间的时间旅行者们，你在充满敌意的冲突中遇到他们的概率高得惊人，他们有可能是纳粹士兵、纳粹间谍，甚至纳粹时间旅行者 [4]。

---

[1] 见第 4 章，"潜在悖论的大规模复杂化"。
[2] 如此一来你就成了希特勒，希特勒！
[3] 好吧，技术上来说"大坦尼克"和"果汁尼克"都是在二战前沉没的，但给人的教训是相同的。还有，你知不知道，U 型潜艇其实名叫"水下的船"？德国人就是这么说的，水下的船，去跟你的朋友们炫耀吧。
[4] 你甚至可能遇到纳粹僵尸。这些家伙真心不好对付。

希特勒，事实证明他掌握了魔法、技术、"科学"、心理学，以及其他各种能让他占上风——很可能同时也显得更疯——的学科。就算你很小心地避开了欧洲的主要陆战区域、空战区域，被潜艇击沉的可疑船只，甚至避开了醉心于高能核设施的人群，但你那些太空时代的小玩意儿还是会不可避免地把你交到那群热爱德国酸泡菜的机械化血猎犬手中。

有关纳粹你需要知道：

• 除非身为纳粹，否则人人都恨纳粹，这意味着你很快就会知道自己的盟友或潜在盟友是哪边。

• 有时候纳粹自己也恨纳粹。找到这些好心的叛徒们，但千万要小心。

• 纳粹都很冷血，装备很好，没有方便下手的小缺点，比如想要公平决斗，或愿意用一把剑换你的枪等。

• 任何德国口音的人都应该被怀疑为纳粹。很对不起讨厌纳粹的德国人，但安全比良心重要。

• 凭借漂亮的褐色制服外加卐字标记，纳粹很容易识别。除非他们是在敌军卧

换军装的老把戏

底，将你交朋友的强烈意愿作为优势，或者可以假装"邪恶混蛋施虐狂"避免自己被杀。尤其记得一点，他们对元首极为忠诚。

- 根据盟军的前线战报，所有纳粹都喜欢德国酸泡菜和小香肠。

和纳粹作战时：

- 如有可能，溜到其中一人身后，把他打晕，脱下他的制服，神不知鬼不觉地躲过其他纳粹。这招百试不爽。

- 任何人都能装出德国口音。试试吧。

- 由于对船只、摩托车、军事运输工具、U 型潜艇和齐柏林飞艇完全保密，纳粹名声极差。随便抢个什么都行。

- 不要和纳粹做交易。除非他／她尿裤子了，因为这种情况说明该纳粹只是为了生存而假装纳粹。

- 用德国泡菜和香肠引开纳粹的注意。（见前文。）

- 纳粹和魔法或其他任何东西都不一样。只消开枪打他们就行了。

在各时代生存：机器人

公元 2040—公元 2183 年

【乌托邦】公元 2183—公元 2323 年【机器人天启】

（从人类被机器人奴役至人类崛起，后被外星人奴役）

怎样确定你身在机器人时代

- 管道交通
- 片状食物
- 闪耀的连体服
- 机器人管家
- 机器人主人
- 核子末日
- 虚假的安全感
- 时间管理事务所总部
- 克隆技术

你须要携带

- 本指南

- 火魔杖
- 电磁体（可擦除机器人大脑）
- 音速起子（推荐一切超音速工具）
- 跑鞋
- 反机器人激光武器
- 电磁脉冲发生器／炸弹
- 备用时间机器电池
- 备用时间机器

简介

你做到了，忠诚的时间旅行者！你到了人类乌托邦时代，这里充满虚伪的安全感！全球市场竞争和全球实时通讯酝酿出了高速发展的技术，包括但不限于：iPad、管道交通、保暖内衣，还有基因技术制造的惟妙惟肖的"疑似食物" [1]。

更重要的是，对绝大部分人来说，生活轻松得难以想象 [2]（且诡异）。很长一段时间里，机器人掌管一切：从扫地到建筑，从照顾孩子到制造更高级的机器人——人类连一根短胖沾满酱汁的手指都不用抬。

但是，在这志得意满的生活中——人类懒得出奇，机器人则先进得高深莫测——机器人罢工了，人类英勇还击，但他们太胖、太蠢、离了电脑一件事都做不成。

因此，你降落在机器人时代的不同时间，你的经历也将迥然不同。2183 年以前，乌托邦。2183 年以后，机器人末世。记住：如果你在乌托邦，千万别念叨即将到来的机器人末世；而如果你在机器人末世，也千万别提那些个傻瓜们曾经过得多好。

---

[1] 美国一无党派委员会于 2073 年决定此类基因技术制造出来的副产品事实上不是"食物"，因此法律意义上不能叫做食物。
[2] 有些地方自然是拒绝加入乌托邦。

克隆技术

克隆技术对收获多余的器官和逃离漫长的牢狱之灾都很有好处，但如果你不喜欢复杂的谈话和存在主义式的批评，那克隆技术其实也没那么好[1]。

克隆技术的问题在于，你要能经得住考验，想想你是不是真的喜欢你自己，是不是真的有决不动摇的自信心。如果你真心喜欢你自己，而且恰好拥有决不动摇的自信，那你绝对会憎恨你的克隆体。还有一个相关问题是，你的克隆体有朝一日肯定会认为他/她才是真正的你，然后决定亲手结束你的生命，或者至少，让你严重毁容，没有一个人能认错你们俩[2]。

记住：你始终是你，克隆体也不能改变这点。你对自己的定义远比隐蔽处的一颗痣来得深刻。也就是说，克隆体存活的时间越长，你们两个基因复制品的相似处就越少。这使得收获器官和顶罪都变得不太现实，而把你的克隆体打死这种事也越发困难了。

从现在起，到你和你那个自负的克隆体（或原版）决斗为止，这之间的时间你要训练自己成为一个战士，比你被克隆的时候更厉害，还要尽可能让你与自己的克隆体（或原版）迥然不同。这需要在体重、发色、性取向、信仰体系、政治立场上多下功夫。

如果你就愿意当克隆体

深呼吸：这也没什么不好。你还是存在，存在就挺好——只不过恰好有点违背自然而已。

一旦你成了违背世界之善良本真的存在，你面临两个选择：

1. 去找你的原版，交出你的器官。

2. 找你的原版，杀了他/她[3]。然后就只剩下一个了[4]！

---

[1] 而且还随时都有被另一个自己取代的危险，因此，请记住，在机器人时代，你不能信任任何人——尤其是跟你一模一样的人。

[2] 见注脚[1]。

[3] 这是个很有趣的哲学困境，你既变得更加违背世界之善良本真，但同时又变得不那么违背世界之善良本真了。

[4] 见第6章，"从无限个你身上获得无限能量定理。解码"。

区别你的克隆体或过去 / 未来的你

不幸的是，没有百分之百确定的办法。当然，克隆体可能被你用掉了一个器官，或者由于克隆过程问题皮肤比较黏腻，但这些特征，敌对的时间旅行者也会有。时间旅行的你可能由于误入穴居人领域而失去一个器官，或者他 / 她在不当穿越虫洞时，由于钢制时间旅行机器未能完全密封所以皮肤被熔化了。你自己可以复制各种非正常特征来愚弄你。

一般而言，你和你的克隆体成为朋友的机会，比和过去 / 未来的你自己成为朋友的机会要大一点，但我们还是要面对现实：风险是一样的。如果你需要器官，那就赶紧把器官拿走，然后，随便怎么样，把你自己处决掉吧 [1]。

赛伯格

技术大爆炸的一个重要产物就是变种人类，即人类在自己身体和精神上加装各种机器的状态。人类成了超级人类（只要付得起钱）：更强、更快、更好。

一个技术疯狂发展，机器人无处不在，娱乐比其他任何活动都更让人沉迷的世界，不管有多需要更强、更快、更好的人类，赛伯格的数量始终远低于普通人类数量。这是好消息，因为，在机器人崛起之初，所有的赛伯格要么立刻被处决，要么接受前额叶切除术，成为机器人霸主的重要战斗力。万一你遇到了赛伯格，你的人生就此被腰斩。很可能连你的肠子都一并斩了。

关于赛伯格你需要知道：

• 很容易辨识。他们身体上支棱着不少金属零件 [2]。

• 任何赛伯格体内都保留着一些人类部分，但一般来说他们是机器而非人类。他们的逻辑十分冷酷，该逻辑表示，直接打死你比听你说话方便得多。

• 但是并非所有的赛伯格都完成了感情方面的转化。尝试以人类的悲伤情绪引发他们的感情反应，有时候会奏效。同样偶尔有效方法：杂耍 [3]。

---

[1] 见第 6 章 "和时间上的你自己战斗"。
[2] 请勿与被机器人榴霰弹打中的人类混淆。把这些人叫做赛伯格是因为他们没有感情。
[3]《谁在第一垒》里有不少机器人式的逻辑。（1940 年的一期搞笑节目，两位表演者拿某棒球队的人员和比赛安排嘲讽了一番。）

· 和他们的纯机器人同胞不同，赛伯格需要睡觉、吃饭，还有其他人类基本需求。尝试送给赛伯格一些杏子味儿婴儿食品或汽车电池，以便和他成为朋友。你有可能和赛伯格友好相处。

· 把所有的赛伯格都叫做"墨菲"，他们喜欢。

和赛伯格打斗的时候：

· 请相信，赛伯格在生理方面完完全全胜过你，何况你还注销了你的健身房会员资格。徒手搏斗会立刻让你的喉咙和脾脏凑一块儿去。

· 赛伯格喜欢配置标准机器人激光武器，安装在胳膊里是最酷炫的。如有可能尽可能躲起来。

· 虽然赛伯格比你聪明比你强壮，但他们没有独创性。所以把你的行动疯狂混合起来吧：舞蹈、螃蟹步，说赛伯格不理解的谜语，比如"如果蓝色是12：00，红色是站在格陵兰岛时 900 英里每小时，那么从 1 到 62.5 之间你最喜欢的颜色是什么？"

· 作为赛伯格的生活很艰难。你要不去拥抱一下人家？

· 如有可能，找到赛伯格的孩子。让赛伯格在机器人霸主和自家孩子之间做出选择，这取决于赛伯格还剩下多少人性。然后趁他犹豫的时候冲着他的脸开枪。

· 如果无效，用孩子做诱饵，自己逃跑。

· 拿猎枪，冲着软的地方开枪。重复一遍。

EMP

电磁脉冲，或简称 EMP，这是对付机器人及任何电器的有力武器——包括飞机控制系统、电脑、医疗设备以及其他在电子时代所有不太好玩也不太重要的东西。如能发挥最大威力，在 EMP 范围内的电子设备会爆炸，不过更多情况下，它们只是关闭一会儿而已。

EMP 的麻烦之处在于，它们很难移动，想想看，一个大型 EMP 发生器，启动的时候十个街区内的游戏主机都会爆炸，谁会带着它走？没有人，而机器

人也很清楚这点。但在紧要关头你可以启动EMP[1]：

1. 引爆核设施（EMP冲击波的副作用就是引爆设施）。

2. 建立你自己的小规模EMP发生器，或EMP炸弹。你只需要一把音速起子、一个被弃置的摄像机、一些焊料、一把焊枪、一点眼部防护措施、一本《时空管理事务所愉快手工之建造EMP发生器》，最后再加一点耐心即可。

地底生活

一旦机器进攻，在地表生活就有点类似穿过世界杯决赛时的球场：再次见到阳光真是太好啦！全世界都在看真是太好啦！但很快，你被人放倒喂了手榴弹，世界坍塌了。

因此可以得出一个简单结论：机器人知道生活在地下的反抗者们生活艰辛——主要是缺乏农业，缺乏维生素D，更没有水上乐园——但事实证明，机器人的电路效率确实很高。地底的生活效率低得可怕，就连人类也无法忍受，最后天启之类的事情逼得他们不得不快起来。

如果你生活在地底人类避难所中，或准备建一个地底避难所，以下几点请务必考虑：

迷宫走廊——可以迷惑逻辑电路驱动的机器人，并避免敌对派别偷你的食物，还可以防止辐射变异人吃掉你方的女孩子。

阻塞点——如果机器人发现你在建造地下城市，那就逃不掉了。你会去哪里呢，头领？其他机器人都守在外头！你能做的就是把蜂拥而至的杀人罐头[2]尽可能堵在入口。

补给——将食物和药品安全保存，并以一种公平的机制分发给幸存者。然后造一个很大的日历，记录还有多少天补给耗尽，大家全部慢慢死去。这是为了让民众不要争抢，不要多领。如果你不是管事的，那就闯进去或者发起暴动：你只想拿你的份。

---

[1] "紧要关头"应该是指"啊，天啊！天啊！机器人大军马上就要攻陷人类文明最后的堡垒了！"而不是"咦？这个按钮是干啥来着？"
[2] 提醒一句，万一被击中，或向牺牲的同志短暂默哀时，也不要太心痛。

成为头领——只有天命之人、训练有素且负责收集食物的反抗军战士、或好奇的儿童才可以尝试，别指望你能回来。注意别患上癌症。

EMP——最后的也是最好的对抗机器人的武器，对任何末日人类文明堡垒来说都是如此。在黑暗中作战时，尽一切努力不要伤及友军。

磁铁

熟悉电视机发明过程的读者们大概都知道电视有唯一一个弱点：磁铁。磁铁靠近电视机显像管的话，技术上来说，电视画面就会晃个不停。虽然不太重要，但科学界依然不明白，为什么磁铁会扭转电子，这部分你得记住。而机器人，至少……40% 都是电子。

机器人崛起及其后的机器人乌托邦时代，最好的防御措施就是持久密集的磁铁攻击，足以让机器人发疯。要集中攻击机器人的正电子网或者人工智能核心，电磁场对机器人来说是致命的。只要牢记，在战争的中心，放开你的磁铁或魔杖，不然你会随着磁铁陡然飞向你的敌人，而你其实又不是当子弹的料。

但是，和你不同，机器人整个硬邦邦的，没有能够被尖锐物体撕裂的柔软部分。这就是用你生锈的火魔杖交换扰乱机器人大脑的磁魔杖的时候了。你可以自己做一个 [1]。

制造你的邪恶机器人洗脑电磁体：

1. 获取某种（固态）铁棍，比如钉子，不过你知道的，得比钉子大。

2. 获取有绝缘皮的铜导线，两端剥去绝缘皮，中间保持绝缘。把铜线缠在铁棍上，以此作为你的磁芯。注意留下一些多余的线。

3. 获取一块电池——21 世纪的汽车电池就很好。它们虽然重，但也还可以携带，而且可以单手举起，这样你另一只手就可以去洗脑。

4. 将铜导线的一端接到电池正极，另一端接负极。如果你没接错，现在你手中就有一个强力电磁体了。

---

[1] 在电子设备不会被用来制造嗜杀成性的机器人和机器动物的时代，尽可能收集零部件。

5. 试试看它好不好用。把它戳进机器人脑子里，坚持一会儿。如果机器人反应不友好，那你失败了。

6. 如果机器人反应怪诞，它的记忆被消除了，或是成了你的朋友，或是开始不受控制地唱民谣，你的反机器人设备就成功了。

7. 注意，你的电磁体只能在近距离起效。如果你有反激光装甲，或者有个善于用脸吸收高能光束的朋友，记得一定带上它／他。

食物片剂

食物片剂适用于轻装旅行，而且无论你在乌托邦还是在末日它们都是很好的替代食物 [1]。但是，经科学证明，进食是仅次于睡眠、做爱和时间旅行的美好活动。如果你吃得起奢侈食物（你当然可以——这是在乌托邦），那就让机器人大厨给你煮着吃吧 [2]。

机器人（常见）

管家

描述：被涂装成穿着黑白燕尾服的样子（你也可以像给娃娃换衣服一样给它穿真的燕尾服，但我们不介意告诉你，那样子特别奇怪）。说话像英国佬。一般都有可替换的托盘手和金属小胡子。

在乌托邦时代：跟吉沃斯 [3] 说（他们都叫吉沃斯），马上拿调制绝干双倍马蒂尼加蓝纹奶酪橄榄到游泳池边。另外让他帮你叫一份比萨外卖，等送比萨的人到了马上付钱：你忙着去玩一个重要的电子游戏。

在机器人末世：请他饶命。这位管家给你的唯一一项服务就是用金属托盘把你的左鼻孔削掉。他的黑白外表和英国口音很容易从远处就被察觉。由于脚

---

[1] 在人口增长超过食物供给的非乌托邦社会也很实用。你不介意吃碾碎的人，对不对？反正只要放弃灵魂，你也吃不出味儿了。

[2] 这需要让机器人管家去商店购买原材料。买原材料则需要一辆无人驾驶汽车。造一辆无人驾驶汽车则需要一个造无人驾驶汽车的机器人。造一个造无人驾驶汽车的机器人则需要一个造无人驾驶汽车的机器人的机器人。你看，果然很方便吧。

[3] 英国著名小说《万能管家》的主人公，无所不能的管家，文学界"管家"的代名词，吉沃斯（Jeeves）先生是也。译者注。

部是轮子，他在凹凸不平的地上很不灵活，也容易被绊倒。

塞隆人

描述： 技术乌托邦时代遗留下来的主要军事力量，塞隆人是闪亮的镀铬士兵，擅长突入某地，射杀一切生物。当机器人崛起时，塞隆人还是干他们该干的事情。

在乌托邦时代： 如果你看到一个塞隆人，请相信它肯定要射杀你。如果你不确定，那就尝试命令他做点事：如果得到"听你指挥"这种礼貌的回答，可以认为他是友好的，让他帮你拿个三明治。

在机器人末世： 逃或躲或隐蔽或手榴弹或恐慌。

高达 / 恐龙战队 / 金刚战神

见"生存指南：机器人：交通工具，两足行走军事运载工具"章节。

iRobot

描述： 基本上就和你所想象的"机器人"差不多。直立着、有脸、希望自己是真正的人。当然了，在苹果发布会上高调推出 iRobot 的时候，它们被当作"本年度最热门圣诞节礼物"，甚至超过"仿佛最富有人性的机器人"。谢天谢地，在苹果推出 iRobot 2 之前，机器人末世就到来了。其实 2 包括了人们期望 1 能拥有的所有特征。而且还薄了 3 微米。

在乌托邦时代： iRobot 主要面向无脑热情的消费人群，是"吃喝玩乐加工作的全能 iRobot"。所以那些你做不来或者懒得做的人类行为，它都能做，比如养孩子。记住：你越是把 iRobot 当作（低级的）人类（奴隶），它就会越快地怨恨你，然后谋杀你全家。

在机器人末世：苹果公司没有告诉无脑热情的消费者们：加装众所周知的 iHood 时，iRobot 会有额外的能量。自 2100 年之后，没有人知道计算机的工作原理，而且，几乎没有人懂得推理和提问，大家不问为什么家用机器人需要一跳跳上一栋大楼或远程控制导弹发射井的能力。最终苹果公司的高层被政府拘捕并质询：为什么有那些可疑的能力，为什么保密数据会传送给他，这时乔布斯给出了 iRobot 的标志性发言，如"用途广泛！""如果有火的话！"等，然后他被人拖走了。

强尼出租车

见"生存指南：机器人：交通工具：无人驾驶汽车"章节。

机器人罗比

描述：一种有更多似人类功能的机器人，也是在人和机器人合作的时候，唯一一种被认为安全且适用于星际航行的机器人。罗比有个玻璃盖的小脑袋，没有眼睛，大号圆柱形身体没有触觉，手是爪子状——很适合探测无法进入的行星，也适合搬运受伤或昏迷的年轻女性，后者用得很少。它的设计被评价为"很差""可笑""莫名其妙"。

在乌托邦时代：嗯，你没法让它做特别精细灵巧的事情，因为它的爪子工作范围基本上就是"零"到"毁灭"，没有中间值。你也不能让它在狭小空间里做任何事，因为罗比像是个 400 磅重、7 英尺高的橄榄球中后卫，而且还没有膝盖。另外你不能用任何表示强调的词，包括"因为"，当罗比兴奋的时候，它会控制不住胳膊 [1]，还会用两只爪子抽打你柔软多肉的身体。另外别指望跟罗比进行任何有意义的对话，因为它究竟在说什么鬼啊 [2]？我们完全不懂。

在机器人末世：机器人时代罗比成了笑话，在 92% 的人口都在两周内消灭的世界，罗比显得轻松，令人缓解。虽然罗比被迫站在机器人一边，但其实它也不是整天都蹲家里：如果小孩子也公然嘲笑它科幻风格的浆果状外观，罗比依然会杀了他或者重伤他，罗比保证你会在达尔文奖中占据一席之地。

---

[1] 就是字面意思。这是个出厂故障，但从未被召回。
[2] 对，我们知道。有危险。真是帮大忙了。你能不能指指？别到处乱打，别拿我们瞄准"危险"，拜托。

鲁姆巴

描述：一种家用的，直径约一尺的扁圆状设备，搭载真空吸尘器，有避开墙壁的功能。

在乌托邦时代：享受安静的扫地机器人无时无刻不趴在你腿上，被你爱抚。

在机器人末世：当心安静且无处不在的鲁姆巴旋转着利刃切掉你的脚踝。你会想踩它，被削掉脚指头也想踢它，但脚指头对逃命来说至关重要。

蜘蛛机器人

描述：它们看起来像蜘蛛。

在乌托邦时代：即使是在乌托邦，打击犯罪和维护政府机密的力量依然不足。小型蜘蛛机器人搭载视网膜扫描设备，可以在几分钟内扫描整栋楼的犯罪嫌疑人，还能从门缝和通风管出入。如果你是移民或不喜欢眼皮被小金属臂撑开 [1]，请藏身在放满冰块的浴缸里，直到它们离开或抓个无辜的人顶罪为止。

在机器人末世：蜘蛛机器人依然被机器人用于探查地下的人类堡垒，但机器人霸主造出了更大的蜘蛛机器人，配备激光武器和机关枪。热感应功能和眼部扫描仪被零误差肉体灼烧功能和点05口径子弹所取代，可击毙一切哺乳动物。可尝试 EMP、火箭推进式手榴弹和其他大规模武器，也可尝试从两个蜘蛛机器人之间穿过，让它们向对方射击——在某部时空管理事务所教学片中，有实习生几乎尝试成功。但他失去了两条小腿。

T-1000

描述：由液体金属纳米机器人控制的人形机器 T-1000 能凭意愿重构自身分子，将自己伪装成人形。制造 T-1000 花费巨大，这点限制了它的普及。

在乌托邦时代：在乌托邦时代末期，你可以在好些地方看到 T-1000。它

---

[1] 过于热情的蜘蛛机器人曾为强迫对方配合视网膜扫描而意外把儿童的眼球挖出来。但自从《至高法院控制希格斯粒子条款》vs《世界政府强制执行，服从及晃手指协议》之后，大政府就不再支付更换克隆眼球的费用。所以说：不要闭上眼睛，不管你有多害怕那些小混蛋。

们可以完成各种工作，从处理核废料，在核反应堆里工作，到照顾孩子[1]，因为它们会在睡觉前给孩子读故事书，还能保护孩子。不幸的是，当机器人崛起时，孩子们有关床活起来吃掉主人的噩梦实现了。

在机器人末世：有机器人霸主设计的 T 系列模型专门用于模拟人类，入侵人类据点。其中 T-1000 最为可怕，因为它能变成任何被它接触过的物体。不要信任任何人或任何物品，包括地板，因为地板也有可能是 T-1000。由于它会无休止地追踪一个目标，对其进行熔化、冻结、电击，直至对方死亡，因此只要目标不是你，其实也没啥。有时候可以进行时间旅行。

隧道挖掘机器人

描述：被人们满怀畏惧地成为大块头，是挖掘隧道粉碎岩石或骨头的一类大型机器人。圆柱形的机身和不断向你推进的圆锥形头部都是明显特征。

在乌托邦时代：坐进去。挖隧道。如果你喜欢造新的地铁线路，隧道挖掘机器人会特别有用；能永久性破坏对手的大本营或产业；可以因破坏地质构造而引发地震；大卫·鲍伊在迷宫中时，利用隧道挖掘机抄近路到了星球另一边；还可用于采矿。

在机器人末世：避开前端。那个旋转的锥子就像安在轮子上的碎木机。如果你在末日人类文明堡垒，然后你听见"隆隆声"，马上把孩子藏在没有声响的地方，并祈祷这个机器人穿过天花板自己摔死。尽管被逼无奈，但对付它最好的办法是绕到后面，爬进驾驶舱（不必请求允许——又不是舞会，这是战争）。掌握控制权，用它建造新的地下城市，和其他敌对机器人作战[2]。

修复时间机器

关于机器人时代的好消息是，这个时代满大街任何一个机器人都是会走路／

---

[1] 基本可以完成所有人类懒得处理的危险和麻烦工作。
[2] 见"生存指南：机器人：两足军事运载工具"章节。

滚动 / 哔哔响的时间机器修复工具箱。真的，它们只需要一点必须的通量设备就能马上进行，对人类来说幸运的是，机器人对时间旅行兴趣不大，因为它们从不犯错误，因此也不需要回到过去去修复或逃避什么。而且，出于某些原因，机器人总是出现在时空裂隙的另一端，全都黏糊糊的。我们也不知道为什么。

万一你滞留在机器人时代的人类技术乌托邦时期，时间机器的修复就只是去商店买点零件，或者从无害目标机器人的阳电子网中抽一些水（读作：机器雨）。然后找个起子。

但是，在机器人末世时期，修复工作更加危险。

在机器人崛起期间修复你的时间机器：

1. 夜晚外出，白天隐蔽（最好是在地下）。机器人有无数种方法探测到你，这和光照强度无关，没必要在光天化日时出门让它们更容易找到你。

2. 锁定落单且易受攻击的机器人。

3. 仔细评估现状：你能不能神不知鬼不觉地拿下这个机器人？你有没有带上邪恶机器人洗脑电磁体？如果没有，看能不能马上迅速造一个 [1]。

4. 尝试用铅管痛击机器人的 CPU。

5. 尝试小心地从背后接近机器人，越安静越好。

6. 然后发现机器人有超音速机器声音感应器，能听见你的心脏以 60 下每分钟的速度在体内跳动。当机器人的爆炸爪旋转着向你开火的时候，要迅速躲避。

7. 靠近后用力猛击机器人的"头部"或具有同等功能的部位。

8. 然后发现机器人是金属制成的，而你没那么强壮。

9. 不断尖叫。

10. 机器人掐住你的脖子把你举到半空中，你渐渐窒息，此时你意识到自己没有将你的洗脑磁体完全连接到电池上。

11. 你用尽最后的力气，重新接线，对机器人发出电磁波。

---

[1] 见"生存指南：机器人：磁体，制作你的邪恶机器人洗脑电磁铁"章节。

12. 从地上爬起来，因濒死体验而光荣呕吐，等一分钟让你的肺里重新充满空气。小心检查机器人是否真的不能动了，确定它不是在骗你。可以用棍子戳它。

13. 拿好起子，小心拆掉机器人。

14. 找到机器人的铅衬内置核电池。根据说明从胸腔取出电池。确定你没有不小心拿倒了，错误安装核电池可引起辐射泄漏，一切副作用都会落在你身上[1]。

15. 用机器人的外部底架连接任何时间机器所需要的金属部件。把其他所有有用的零件都拿上[2]。

16. 修好你的时间机器，最好是赶在后援赶到，对你进行精确激光打击之前进行时间旅行马上离开这鬼地方。

交通

从电脑时代末期到技术乌托邦及此后的机器人乌托邦时期，除机器人和大量死人外，主要变化是地面及其他地方交通工具的变化。

在到达这个时代之前，你一定要知道你自己会看到什么，因为有可能会很尴尬，而且也不方便，比如附内置自动灌肠剂的超高速真空交通管就在你身后，而你居然想叫出租车。而且如果你到处跑，问你那该死的喷气式发动机组件在哪里，我们只能说这不太可能成功。

管道交通技术

人类科学家发明了管道交通技术，从 21 世纪末开始，我们就是用管道出

---

[1] 警告：核电池和你的邪恶机器人洗脑电磁体相连接，可能造成世界末日。又一次地。
[2] 把机器人的阳电子脑安在你的时间机器里，因为你想"做时间中的黑暗骑士"。对傻瓜来说这可能是个好主意，但最终你会被你的感知型新时间机器杀死，并且人类也可能因未出生即被杀死而灭亡。机器人对时间旅行可不会手软。

行了。这些管道由多种技术混合驱动，但它们不会比汽车更危险，辐射也不会比 21 世纪的普通手机更强 [1]。

2093 年的交通高峰期

管道交通从技术上来说是"真空管技术"，该技术已经被银行业使用了数千年，主要用来把你的存款送到遥远的海上某个无名信托账户里。

如何使用管道技术：

1. 走进管道。

2. 避免窒息。

3. 到达目的地。

自动驾驶汽车

在真正的人工智能问世后，人类意识到自己再也不用忍受恐怖焦躁的驾驶

---

[1] 作者声明：Z 电子辐射的具体影响尚不明确，作者不赞同暴露在此种辐射环境中。

任务了。但自动驾驶对人类而言是件坏事 [1]，但它们确实是非真空出行的理想方式。

要注意，自 2183 年起，自动驾驶就不再安全了，机器人化的电脑控制汽车都开始跟主人们谈心，然后狠狠撞上去碾压直到死亡为止。如果它们没有马上撞死你，那很可能你会被带到某个你不想去的地方（记住，开车的人不是你），然后成为奴隶、囚犯、人质或电池。

两足行走军事运载工具

在 22 世纪初，人类处在一个十字路口。几千年来，人类一直靠轮子在地球上行动，轮胎生意一度红火。但这是在技术乌托邦，人类需要比旋转的轮辋酷炫得多的东西。

因此，贵得惊人的超酷两足行走人形运输工具的概念迅速传播开来：基本上就是会走路的巨型死亡坦克。在全球乌托邦之前，最后的几个国家将这些机器用于战争中，那是力量、财富和完美技术的展示。那些国家随后在谁家的机器人坦克最酷炫，谁家的机器人坦克能率先消灭别人家的机器人坦克等问题上投下大量赌注。

作为一个来自未来的旅行者，你可能会被迫和这些会走路的死亡机器人坦克战斗，然后你会发现自己驾驶着被俘或退役的机器人坦克去和它们的同类战斗。以下几点可以提供帮助：

1. 爬上坦克后背。

2. 打开顶部的舱门。

3. 当小型驾驶机器人出来看是怎么回事的时候，问他是否预订了惊喜螺母附带火焰。

4. 当机器人迷惑的时候，用你的邪恶机器人洗脑电磁体干掉他。

5. 取代机器人，坐上死亡机器人坦克的驾驶位置。安全起见，请向周围任何发光发声的东西挥舞磁体。

---

[1] 就在你认为人类不会长胖的时候——他们连动动脚踩踩油门都省了。没有比话痨胖子更讨人厌的了。

在机器人时代连青少年都能熟练驾驶两足行走军事运载工具

驾驶被俘的死亡机器人坦克

1. 检查关节液压。确保压力不低于 401。

2. 如果关节液压低于 401，则开启内置压力阀 2.1.2。然后迅速关闭蓝色内置压力阀 3.1.1.5，以免耗尽驾驶舱备用气体，造成驾驶员窒息。

3. 用 Y 控制杆使左肩向前转动。保持 Z 轴角度低于 15 度。

4. 用 71X 控制杆抬起右轮，同时用 72X 控制杆保持脚趾与地面接触，并保持向前平衡。

5. 按下液压控制右蓝 α 键，使右膝盖抬起，随后马上按下 θ 控制键 4，9，6，9，4，5，9，4，5，最后按 1，在六秒内完成，使右腿迈开一步且保持平衡。

6.重复上述操作迈开左腿。

7.如果你看到任何敌方机器人，开启战斗模式 B-1α [1]。

8.如果你遇到麻烦，就喊："上吧，金刚战神！" [2]

---

[1] 更多驾驶被俘的死亡机器人坦克进行战斗的细节，见《于是，你驾驶了被俘的死亡机器人坦克：人类以机器人打败机器人指南》（单独出售）。
[2] 警告：可能形成更大的死亡机器人坦克，自然也就更难控制。

在各时代生存：太空旅行时代

公元 2323—公元 13501 年

（与机器人和外星人和平相处直至宇宙消亡）

怎样确定自己身在太空旅行时代

- 外星人
- 外星领主
- 宇宙飞船
- 怪诞闪亮的连体服
- 机器人、人类、外星人一起抗击太空怪兽
- 社会主义太空探索乌托邦
- 星际政治——比常规政治更无聊
- 热辣外星美女
- 因与外星美女不相容而造成的严重生殖器官伤害

你需要携带

- 本指南

- 激光火魔杖
- 增压服
- 毛巾
- 太空船
- 可太空航行的时间机器
- 备用的太空航行时间机器电池
- 备用的太空航行时间机器

简介

终于啊，无畏的时间旅行者们：太空时代啦！在这里，一切你曾在科幻小说里读到过的新鲜玩意儿都实现了：外星人入侵，他们征服了地球人（偶尔还吃几个），人类反抗，大家成了朋友，然后一起去探索宇宙，偶尔当当忍者。

虽然在这一切发生前，地球和火星必然会爆发战争。其实并不是真正的火星人——只不过是一些暂时在火星停留的家伙。但这却很适合作为头条：地球vs 火星！

人类抛开对奴隶制度的忌讳（以及完美的乌托邦共产主义——事实证明只要交给机器人管事就绝对有效），紧接着外星人到来与人类发生第一类接触——然后就把人类和机器人一并当作了奴隶。这是一段艰难时光，一直持续到本千年的后半段。最终，外星人领主被别的势力推翻了，那就是外星人解放者，他们是帮助人类反抗运动的战士们，然后，他们每次跟人类一起喝酒的时候总要用外星话抱怨一句："我们可是在第二次多世界大战中救了你们的小命。"

因此，时间旅行者需要担忧的是，在 2323 年至 2334 年之间的任何时间到达，你都有可能被卷入外星人 vs 人类的超级大战中，那真是既恐怖又激动人心，和 20 世纪至 21 世纪的电影、电子游戏里演的一模一样。但还是有无数能熔化肢体的激光，卑鄙的、触手相关的性行为，以及和人类同胞们一起被做成厚味浓汤端上桌这种事。但那之后，就是深入太空，充满冒险的乐趣。振作起来吧！

外星人

认识外星人
1. 小灰人
2. 章鱼人
3. 神秘博士
4. 大卫·鲍伊
5. 悬浮大脑外星人
6. 异形
7. 性感的蓝色皮肤外星美女
8. 狡诈粗笨的人形外星人
9. 爬行类
10. 昆虫类

没错，他们都存在。他们最终都出现了。但是，不，他们到陌生星球上并不需要过滤危险细菌。他们对 70% 都是水的地球也完全不过敏。而且当然也不怕核武器[1]，这项技术他们两百万年前就已经发明出来了。

并非所有的外星人都是邪恶的触手领主。他们中也有善良的触手贸易合伙人，多目星际维和人员。下面，请认识外星人们：

---

[1] 用核武器对付外星人，就好像烧你自己的房子来治疗传染病。恭喜你，蚂蚁获胜。

灰人

描述：这种外星人你在 20 世纪中叶的流行文化中就见过了。三英尺高。大脑袋。大眼睛。光滑柔软的皮肤。该死的冷酷混蛋——有精神能力的混账。

在占领期：你有两个选择——像个懦夫一样痛哭流涕地跪下，以免遭遇精神伤害（或者头被炸开，灰人特别擅长这种事），或者一看到灰人就先开枪，一直射击。顺服的外表只是伪装：他们特别邪恶。

占领期之后：人类和灰人之间虽有嫌隙，但灰人控制着银河系中我们这个区域 85% 的星际经济[1]。事实上占领地球什么的相当于某种贸易封锁，目的是让更大部分的银河共和国采取行动或发起内战——谁知道呢。这事谁都搞不懂，乔治·卢卡斯尤其不懂。不管怎么说，占领了 220 年之后，灰人被同为银河联邦 – 共和国之类的势力驱逐了，人类和灰人成了银河 7 号旋臂最大的娱乐和零食提供商。所以，你不能继续射杀他们了。

异形

描述：八英尺高，黑色，纺锤形，易怒，喜欢在宇航员胸腔里产卵。这些不会思考的蚂蚁状杀戮机器是人类殖民地及其他有感知的深空生物灭绝的天敌。它们喜欢热量喜欢吃大脑。怕火（但只是有一点怕）。

在占领期：老天爷啊，你在地球上看到异形了？天啊天啊天啊。那就是，伙计——游戏结束，伙计，游戏结束！

占领期之后：啊啊啊啊啊啊啊啊啊啊啊打死他！轨道定位核武器打击——这是可以确认而无须实地确认的唯一办法。那个殖民者 / 城市 / 母星必须整个化为焦土，我们才不管总统或者你祖母是不是住在那里。

鲍伊

描述：没有关于鲍伊的描述。他就是鲍伊。

在占领期：鞠躬膜拜他，他是宇航员之神。

占领期之后：鞠躬膜拜他，他是宇航员之神。而且要感谢他在抗击灰人期

---

[1] 事有凑巧，灰人并不"邪恶"，他们只是资本家。就像番茄和西红柿的区别。

间的英雄事迹。

人形外星人：

描述： "人形"不完全是指种属划分，而是从人类看待事物的狭隘眼光而言。如果某外星人有两条腿，能学会英文，会被某个装扮奇异的家伙迷惑，他就被分类为"人形外星人"[1]。

在占领期： 人类希望把所有直立行走的种族都归类到人类的变体名下可以唤起一些"人性"。但人性却冒犯了众位人形生物。虽然偶尔有求爱行为[2]，但由于人类都不愿了解泽特兰人和克林贡人的区别，于是往往备受歧视[3]。

占领期之后： 人类对外星人种族多样性有了进一步了解，加之在地球被外星人占领期间，人类最最需要的却是外星人解放者的帮助[4]，这点太丢人了，于是人类更注重学习不同的外星文化，同时也意识到全人类相对来说其实非常渺小。有"好外星人"（比如有着蓝色皮肤的性感歌剧女声普拉瓦拉古娜丝），也有"坏外星人"，但是——人类也一样——任何种族都有坏人和好人。也许人形外星人确实很像人类。这么一想就简单多了。

我能勾搭他们吗？

　　既然有无限多的新星系新行星有待探索，那么也就有几乎无限的洞和生理需求。没错：外星人也有性行为，其中一些还很随性。但是，除了蓝色皮肤三个乳房的星际女神那天生的爱欲以外，另有一些严肃的问题，在你四处闲逛把触手带到本不属于他们的地方之前，你要问问自己：

　　1. 这算是人兽那啥？

　　2. 我会死吗？会得银河性病[5]？

---

[1] 这使得银河系内部政治变得相当艰难，而银河系内部的种族问题则变得突出。
[2] 见"生存指南：太空旅行时代：我可以勾搭他们吗？"章节。
[3] 唔，其实不是真的克林贡。克林贡是虚构的。但是那些家伙看起来很像克林贡，而人类的舌头无法读出他们真正种族名称的发音，于是我们把他们叫做克林贡。本来这样也挺好，但后来有个大使参加和"克林贡"的会议，他把《星际迷航Ⅲ》的DVD带去展示地球文化，于是对方因受到极大冒犯而杀了他。所以如果你想说"克林贡"，务必要先看看身后。
[4] 基于这一点，有关多世界二战的冷笑话都不流行了。
[5] 有一些特别恐怖的性行为传染疾病。而且，在某些种族中，目光接触也算性行为。谷歌眼镜是你的好朋友。

3. 那啥，你懂……可以吗？

按照顺序，答案如下：

1. 这取决于你的外星情人说何种语言。低沉的喉音和超声波音爆肯定不好。毛皮和附加器官倒未必说明你真的是个性变态。毕竟这也算是乐趣的一部分——那些有所耳闻却未曾体验的东西。

2. 很可能会的。一个经验之谈：越像人越好。但这条经验是个长着利齿的无底洞，很多深空探索者都不知不觉地跌进去了。不是比喻：有时候那些外表看来最适合勾搭的对象最有可能长着一排又一排的尖牙利齿，可能在你体内产卵，或者把某种恐怖黏湿的性病传染给你。相反，一些不像人类、毫不性感的外星人（如FBA们），在性方面则最为温和，体内也无任何易燃易爆物质。

3. 和平时一样，取决于你如何定义"可以"。如果你已经看了人家裙底（确定有没有尖牙或触手），然后防护充分（为防止你自己成为某种恐怖外星幼崽的孵化箱[1]），你可以和任何自愿、清醒、达到银河系法律规定年龄及对方文化规定的对象发生关系。

但是，如果"可以"是指"生孩子"：

在地球上和其他种族成功进行跨种族繁殖非常困难；和基因进化完全不同的生命在一起时候可以尽情尝试[2]。这就像试图把一根圆棍子插进方孔里。而且还试了一次又一次，又一次。

和外星种族成功繁育后代完全不是"哇，他眼睛像我，可以用意念举起太空岩石的能力像你"那么简单。后果有时候是非常恐怖的，堪比太空马戏团畸形秀。我们说的是这边一只胳膊，那边一只尖利的螯爪，在该长脚指头的地方长着额外的大脑[3]。

记住：在无穷无尽的黑暗太空的最后几光年中，无论你对性方面的标准多么低，在和外星人发生关系之前也要思考周全，并和医生商量。

殖民

殖民精神！尽管我们的血不是强酸，而且一次只能看到三个维度，人类依

---

[1] 其他有可能发生在你身上的恐怖事件包括：重要器官腐坏；内脏液化溅出；星际通讯器整夜乱响，接下来就是关于"承担义务"和"银河系中所有外星人"的长篇大论。

[2] 氨基润滑剂有灼烧感。

[3] 而你，你牙齿之间有个缝你就觉得自己没长好。

然是深空探索活动的主要成员之一，感谢我们熟知的那点湿乎乎黄不啦唧的小灵魂。

我们是很好的领袖，当男仆更是优秀，而且我们能在任何地方居住，只要水龙头里的水比排泄物颜色浅就行。

哪怕你不打算在柯普鲁鲁星域的熔岩卫星上长住，以下几点你也必须知道，因为很多"太空任务"都和建立殖民地直接相关。检查：

- 补给投放点
- 新殖民者登陆点
- 资源运输车
- 抢劫补给品的人
- 强盗殖民者
- 偷资源的人
- 熟悉各个殖民地至少可以让复杂的星图看起来不那么玄。

利用贸易路线

一些技巧：

1. 贸易路线典型的命名方式就是以起止点的殖民地命名，比如地球 –32 星丛路线。维尼刺青 – 远藤窗户路线。泰坦 – 阿努斯[1] 路线。如果你知道路线的名字，你就能知道自己（最终）能走到哪儿。

2. 不知为什么，大部分行星都只有一两种金属和一种天气出名。如果那上头有一块沙漠，那就全是沙漠。如果树木多，那就整个星球都是森林。而水行星——你知道那个意思了。这样一来，你选择目的地就像选择最喜欢的薯片口味一样简单了 [2]。

3. 你可以逆转所有行星的自然气候以方便你收集资源。比如，如果你非常非常需要伞，那你应该选择通往水及脚踝星的路线，那地方整日整夜都下雨。任何运补给或殖民者去水及脚踝星的船都肯定带伞。

---

[1] 要念做：阿–纽–斯。
[2] 事实证明地球确实独一无二。

在殖民地生活

除非你犯了滔天大罪需要避风头 [1]，否则你绝不会想在殖民地生活。那地方就是个小镇，只有一家饭店，过着每个人都对你了如指掌的生活，对于能够成全／毁灭梦想的大城市没有丝毫向往。

负责建立殖民地的政府和企业大都忘了它们，这太恶劣了。你看，这和成本效益分析有关。成本在于运送居民，时不时地地球化一下还要增加臭氧层，另外还有一群因和家庭感情淡薄而被赶出来的人。而收益则是：只有十二分之一的殖民地能够赢利让他们赚钱。

你能看到日常补给投放的概率也是十二分之一，在时间旅行中活着成功穿过黑洞的概率都比这个高 [2]。

即使你是十二分之一的幸运儿，我们还是建议你要熟悉矿场。因为你的太空殖民地新生活就是为了干这个：采矿。采矿，杜松子酒。采矿，杜松子酒。还要留下视频日记，以便救援者在收到你绝望的求救信号并赶来救援之后有所发现。事实如此。

组成你渺茫生存概率的还有政府／企业在送无辜志愿者去殖民地前所作的调查和测试。换而言之：什么也没做。在赶在未知的对手之前抢占所有资源的竞赛中，玩数字游戏比花数年时间由"权威科学家"进行"研究"有效率得多，科学家"建议"称"不要在那个行星上殖民"因为"异形数量异常"且持续"在实习研究员胸腔内产卵"。

如果你确实去了某个殖民地，赶紧把石头上的罐头拿下来，别以为你能做什么"好事"。我们说的可是你的小命，在阿努斯第十三卫星上死于硫化钠窒息可不是什么体面的事。

太空战队

有关太空殖民地和各种贸易路线最不好的部分是——还能是什么——它们

---

[1] 如果真是这样，你只需要离开那个时代就可以了。
[2] 夸张的。你活着成功穿过黑洞的概率特别低。

的法西斯政府。管辖权约等于 $10^{48999534}$ 个洛杉矶的地方可以管得松一点，但他们还是要把每个人都管得服服帖帖。

关于太空战队你需要知道的是：

那些人都很坏，他们居然在宇航服里头抽烟。

他们的宇航服不只是为了在太空中呼吸，同时也是为了在太空中揍人。其材料是轻质合金，作为盔甲，宇航服有身体的两倍大。鼓励各位在宇航服里头小便。

他们才不管你有多需要呼吸氧气，也不可能理会"哇～我是时间旅行者"那套瞎话。别冲着太空战队的人哭，他会问你的身高，然后随口说什么什么鬼东西堆起来和你一样高，然后把你扔出空气闸。

他们从不脱下宇航服。这便催生出更多笑话（比如"太空战队的人在宇航服里放屁了会怎么样？"答："闻自己的屁。"），万一你讲这些笑话的时候被他们听到了，当然也会更快被打。

太空战队的人真的很沮丧。你会发现他们对于自己的现状从来不开心："我要摆脱这个负担""我要脱掉这个罐子""我要离开这个僵化的队伍""我要脱了这件臭烘烘的外套"等等。

每个太空战队队员都有辛酸往事。他们的星球／殖民地／军营被外星虫子毁灭，罪魁祸首很可能就是你这样的小混球犯了个笔误。

和太空战队队员战斗时：

由于他们的太空盔甲十分笨重，因此太空战队队员的外部视野非常狭小。可以利用环境进行突袭，或利用环境乘救生舱逃走。

往他们的宇航服里放东西。胶水和热咖啡最好，活的太空啮齿类也行。这得等他们把面具取下来的时候才行。

人多就是力量：太空战队的人从不单独行动，且一直全副武装。如果对方比你们人多枪也更大，那么在对方过人的战斗能力全面压制你们之前，你们一定要想办法拖延这场屠杀。

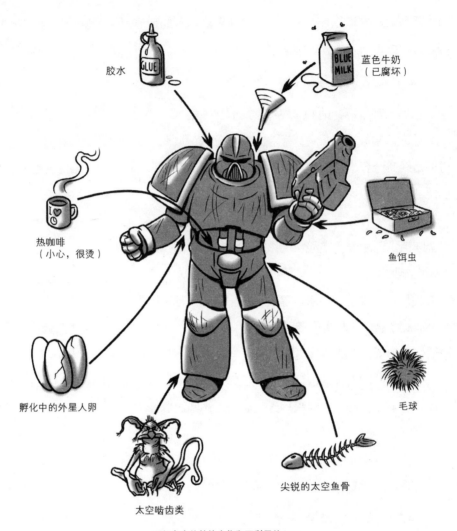

胶水

蓝色牛奶
（已腐坏）

热咖啡
（小心，很烫）

鱼饵虫

孵化中的外星人卵

毛球

太空啮齿类

尖锐的太空鱼骨

可能存在的其他生物和可利用的入口

　　偷他们的烟。这样不等你对他们说："嘿，蠢货，我偷了你们的烟。"他们就会呼吸加重，全身冷汗。

　　和数个太空战队队员周旋时，假装你有来自上头的消息，如毁灭某星球／殖民地／军营，并主动要求带他去那里。当他远离了烟雾弥漫肮脏粗鲁的营地后，你就有机会跟他交朋友或是找机会逃出生天了。派几个外星人出去，你也能拼凑起自己的深空探索改革家队伍。

　　把他们和抱脸虫关在一起。这不人道，但是可以快速解决问题。你让幼虫充当了冷血太空杀手，因此趁它们报复你之前赶快离开。

万一你被太空战队抓住了怎么办

恭喜！你会第一个去往未命名殖民地冰冻行星87-B。采矿愉快。

不要恐慌

找到毛巾[1]。拿好。搞清状况，冷静思考。

地球

地球有过好日子。即是说，乌托邦时代。自人类用尽地球资源后（这事不太好），机器人崛起了（来势汹汹），机器人统治土地数个世纪（其实很有帮助），接着外星人入侵（这事很不好，主要是因为人类用核武器炸了自己的星球），地球的主要出口商品是娱乐、零食、盐汽水以及没有任何念力的动物。

但幸运的是，地球最大的问题——人口过剩——被宇宙限制了：第二至最后的防线[2]。我们发扬先驱精神[3]，再一次派出最没用的居民去不知居住条件如何的地方开拓殖民地，并把疾病传遍全宇宙[4]。

一些和地球有关的重要事件：

猿人

如果你在4738年之后去地球，要避开曾经被称为曼哈顿的那个岛。在33

---

[1] 见"生存指南：太空旅行：毛巾"章节。
[2] 成为器官种植园的最后防线。不！老天，这书都快完了，你还没搞清楚？翻回去。第一页。继续，我们没有开玩笑。
[3] 见"生存指南：太空旅行：开拓殖民"章节。
[4] 人类还发展了缝隙市场，面向探险者、殖民者、暴徒。地球人被大部分外星人雇来干些深空探测的杂事，那些事情我们一直向往但从不细想，任何有自尊有感知的生命形式都对那些事情激动不已。我们把自己丢进黑洞，在陌生星球上降落，看有没有生物会杀了我们，然后把可爱的简单生命形式整个种族赶到一起，拿给我们银河联邦的其他成员吃。那是美妙的演出，也是很悲哀很悲哀的事实。

世纪前后动物权益运动有些失控，有些人类和猿人成功繁育后代。幸运的是，这些超级强壮，非常暴力的猿人不会游泳，也不擅长驾驶气垫船，因此，地球联合政府议会只花了五台宝来公司产的电脑空降了一些猫咪，就成功把他们隔离了。

莫洛克

糟心的泥猴们曾学习游泳，但是他们完全搞错了方向，结果到了伦敦，全身臭得就像一个湿透的猿人一样，你能想象的。英国人试图和猿人讲道理，但是他们浓重的口音对猿人来说根本无法理解。于是猿人以暴力回应，结果地球联合政府议会这次不得不隔离整个英格兰。

饮用水的一些问题和汽车方向错误在 DDA 中促成了某些奇怪的进化，包括蓝色皮肤和白色头发。而他们的暴力倾向则完完整整地保留了下来。

除了和猿人相关的那两件灾祸以外，地球也开始酝酿第三件了。人类依然热衷于政治和各种业余活动，有些人甚至想让我们的人型生物表亲成为深空探索的同伴。

太空

伴随机器人战争而来的外星人标志着人类作为深空探索种族的时代开始了。这种参与及随之而来的解放让人类感受到了银河的文明，见到了难以置信的景象，还有冒险和贸易的新机会，以及一些超级疯狂的色情片。全都彻底混到一起了。

现在你是太空冒险者了，为人身安全需要考虑一些过去的时代没有的新问题。我们列出了一些需要在新环境加以注意的细节问题。

增压服

要能够在宇宙真空中，在冷得像个混蛋一样且没有空气的宇宙真空中舒适穿着。在出舱活动、降压爆炸性过程中（见下文）及在零重力条件下格斗，保证宇航服密封，保证供热供氧，对你的生存极为重要。带一套增压服，再带一套备用。

（爆炸性）降压

"降压"指的是空气从你的太空船泄漏到太空里，造成压力突然变化。爆炸性降压指的是压力迅速而剧烈地下降，造成你的飞船船体爆炸。

这不是说在爆炸过程中你没穿增压服就被吸入太空：该状况不会发生。如果你暴露在真空中，你不会因为身体内外的压力变化而爆炸，你的眼球也不会进出来。

但你的血会沸腾：在靠近你皮肤表层的位置。于是你身体的其他部分会无比痛苦。

你确实会窒息而死：但幸运的是，你会首先昏迷。在真空中，你大约可以生存十五秒至一分钟，但头二十秒你就会昏迷。逃过一死的关键是暴露在真空中时行动要快。

吐出肺中的空气，切勿憋气：如果你真心爱惜你的肺，那么一定要在进入真空时吐出全部的空气，否则肺会因为压力变化而破裂。你的眼睛很可能会流血而且变得很吓人：是时候从克隆体身上收获了 [1]。

到里头去并接受治疗：你可能会受到永久性的脑损伤、外伤、瘫痪，以及换一副铁肺。

零重力

很烦。一开始零重力可能挺好玩的，但它也有自己的问题。其一，小便会

---

[1] 见"生存指南：机器人：克隆技术"章节。

很困难，它不会直接落进太空马桶里，而是飘得到处都是，成了一个个飘浮着的骇人水球炸弹，威胁要冲进你嘴里。

此外萎缩症也是个问题——如果你不锻炼，你的肌肉会变得虚弱、松弛。而且缺乏重力会使你越发地放弃艰苦锻炼，进而变成软绵绵骨瘦如柴的男人 / 女人。等回到有真实重力的环境后，你会轰然崩塌变成人形水母。反正吧，你懂，仅供参考。

你将会在零重力环境下度过很长时间，所以快点习惯吧。

在零重力环境下格斗

没有重力，你就没有动量，也不能站在平地上，你很快就会发现自己随波逐流地漂着，被人遗忘，永无止境。

磁力靴：是个好主意。这是大部分出舱活动中增压服的标准配置。你可以钉[1]粘一块磁铁在你的增压服鞋子上，如果是在太空船外壳上打斗的话，就可以吸附住太空船外壳了。缺陷：你的脚被固定，头不断被打，磁力靴把你变成了一个不那么好玩的充气不倒翁。

把自己变成导弹：你可以随时向敌人的方向踢打，但问题在于，这样做会把你变成致命的人形导弹，而且只能冲向一个方向：傻乎乎地冲出去，根本没打到目标，于是你这个宇航员导弹陷入大麻烦。算好你爆炸攻击的时间，并瞄准。

愤怒流星锤：有时候，你会发现自己飘在离目标很近的地方，动量把你运过去了。这一次，当个形同流星锤而攻击未果的胆小鬼对你倒是有好处：你成了一个充满痛苦的愤怒飞行球，于是有更多的机会在不看到对手的情况下就打到他 / 她。至少，你能撞上别的东西然后弹开。

糟糕的性爱

在低重力环境下做爱似乎不错——毕竟不需要支撑自己的体重，也不需要担心一方吃鸡翅太多压垮了自己的伴侣。不幸的是，虽然从各个方面来看，在

---

[1] 不要在你的增压服上钉任何东西，你不会喜欢的。

太空鬼混中确实不太费体力，但是其威胁程度却和尴尬程度相当。没有了重力带来的好处，就很容易……滑倒……而且容易受到各种奇怪的作用力产生莫名

的动量。这一刻你认为你给了同伴9点扭曲值，下一秒你就会被弹到电路板上刮掉了屁股上的皮。

如果你坚持要尝试在太空中做爱，请采用封闭式的床和"安全带"。

大船

1. 你——没错。你舒服地坐在椅子上。也许会有其他人觉得自己该坐舒服的椅子，所以当心你的屁股。

2. 外星语言学家——帮你和任意种族的外星人沟通。性感则更好。

3. 你的大副——可以信任的人，但在重大决定上会和你对着干。如果他／她来自某个你不能施加政治影响的星域则更好。

4. 机械师——你在一个超光速的铁皮罐头上。很多东西都会坏。机械师如有额外的头／手则更好。

5. 飞行员——总有人需要操作这艘飞船。希望他们知道自己要去哪里。如

果你们愉快相处了一年，那就再招募一个领航员。

6. 医生——比起因愚蠢而死，你可能会更快死于某种罕见的太空疾病。一个常驻医生可以推迟这种结果。但也别指望太多，该死的，他们是医生啊。

大船可以通过舰桥来控制。不管需要多少人和外星人，驾驶飞船非常简单。宇宙中基本上什么都没有，你会撞上东西的概率几乎等于零 [1]。最大的物体，如恒星行星，最坏也只是把你拉近它们的轨道而已，而任何飞船或者带码头的太空殖民地都不可能靠近你的船：你的船有运输舱，即使负责清洁的杰德也能操作的那种。避开彗星、小行星风暴，不要被卷入恒星内部，你就不会有危险。

战舰

驾驶太空战舰和驾驶喷气式战斗机没什么不同，只是没有超灵敏操作系统（因为没有摩擦力），和无尽空旷的太空（再说一遍），所以你必须手动阻止"桶滚""V字飞行"这样的飞行技巧，否则你的飞船会一直保持这样的状态，飞出通讯范围，害你把肠子都吐出来，或被击坠。

但是，你被敌军战舰飞行员击坠的概率（或你击坠别人）却非常之低，原因如下：

在宇宙中缺乏深度知觉——没有天空或大地这样的东西保持你对周边的感知，瞄准基本上就是瞎开火。你唯一能做的就是一直突突突。

宇宙的尺寸——"战场"可以扩大到整个星系。最好的情况下，你在某个卫星或类似卫星的太空基地的阴影中战斗。你可以飞行数个小时——在战场中——没有任何可以射击的目标。而且由于没有摩擦力，每个人都尽自己最大所能飞到最快，所以说不定他们在你确认他们身份，或者慌乱中按照掌管命令打掉他们之前就飞走了。

在宇宙中无处可以撞毁——我们把这事从你脑子里抹去吧：飞船被击中后不会爆炸。谁会驾驶那种东西跑来跑去啊？绝不是我们。绝大部分喷气机飞行员只是在落地坠毁那一瞬间才死(除非他们在排气管处挨了一导弹)。在太空中，

---

[1] 如果你撞上东西了，就炒了你的领航员，崩了你的飞行员：是时候找人来控制这艘船了。

你会一直转啊转，直到你获救 / 被遗忘 / 无聊到死。

你在星际战斗中唯一能指望的就是意外好运了。因为在太空中，没有人能知道你击毙了他 / 她的僚机。真的：除了你船上的通讯器，它每次都被宇宙辐射干扰，除了它以外没别的声音。完全没有[1]。

修复时间机器

于是你在太空旅行的时代了，周围全是外星人，还有一大群乱七八糟的机器人、人类、外星人朝着最后的终点冲刺，或至少倒数第二个终点，你会对自己说："好啊，我完全不知道该怎么修复时间机器。"

真是这样的吗？

坏消息：如果你担心该怎么修复时间机器，而你正好又在太空旅行时代，那很有可能你正在太空。如果你的太空船 / 时间机器坏了，你可能已经死了[2]。

将你的太空船改造成时间机器：真的不是很难。你已经有太空船了。而你也知道如何制造时间机器——否则在未来你是怎么上飞船的？这是常识。问八年级学生。

如果其他一切都失败了：使用超光速旅行和相对论逃向未来[3]！

毛巾

带一条毛巾，很多时候都用得上，要随时都能找到[4]。

---

[1] 这真是有效阻止了任何形式的磨洋工和狂妄自大。
[2] 见"生存指南：太空旅行：增压服，（爆炸性）减压"章节。那就是你的遭遇。
[3] 见第 3 章"时间机器：建造时间机器，以及为了人类福祉而最终毁掉它"，"相对论"。
[4] 见"生存指南：太空旅行：不要恐慌"章节。

在各时代生存：到时间终结

公元 13501 年—？？？

（地球毁灭至宇宙尽头的餐馆）

如何确认你身在时间的终结

- 什么都没有
- 黑
- 老人
- 一盏街灯
- 至幻体验

你该携带

- 本指南
- 其实你带什么都无所谓

这条路的终点

在去往过去的旅行过程中，由于对精密计时器的狂热，你会降落在尚未出现氧气、大气，甚至尚未出现地球的时代，所以你也要小心你去往未来能去多远。

我们不想透露任何事，但是地球不会永远存在。尤其是在克苏鲁南下的公约实施后。至于宇宙，好吧——宇宙变得很奇怪。星系解体，恒星死亡，黑洞成形：没有类似大本营的东西就不可能让一切保持正轨。

在后地球时代和后智人之后，生命经历了调整，据我们听到的消息，没有任何个体存活。再说：你真的想知道时空的尽头有什么吗？科学表示，那里很可能就是一片虚无，更大的大爆炸，或者像《2001 太空漫游》中那样，戴夫变成了满脸皱纹的老头，然后又迅速变成胎儿。那他待的那个房间是怎么回事？那是时空的尽头吗？

也许那个房间倒是个提示：面见上帝本人 / 动物。或者，正如时空管理事务所的各位所相信的那样，那是一种特别好玩的弄死你自己的办法。

有关时空管理事务所的一些趣味知识

- 就官方来说，我们不接受政府资金。
- 技术上来说，我们不是营利性机构。
- 严格来说，我们不信任银行系统。
- 我们喜欢紫色和橙色（但不能放在一起）。
- 法律上来说，我们不会为组建史上最强时间旅行战士队伍而接受信用贷款，

其中更不会包括那些伟大的时间旅行者，如亚历山大·汉密尔顿、德布里奇·兰登三世、薇诺娜·赖德[1]。

---

[1] 他们都是我们的人。

实习机会

恭喜！你从头到尾读完了本指南，并准备好展开专业的时间旅行了，要不然你就只是随便翻了一遍想快点看结尾。不管怎么说，我们佩服你那莫名其妙的热情。

现在你大概暗自思忖，或是大声质问这本毫无知觉的书："究竟什么时候我才能开始时间旅行？"好吧，说真的，我们很高兴你问了。

在时空管理事务所，我们严格执行一套自上而下，低奖励的企业构架体系。也就是说，如果你追求的是和我们一起进行瞬时位移，那你可以开始你即将充满各种冒险的传奇生涯了，就像我们一样：加入时空管理事务所虫育实验（虫洞教育发展与指导性实习实验），时间旅行的先期实习流程。

作为时空管理事务所的实习生，有些非常激动人心的机会在等着你：

实践学习——包括高级擦地板工作及时间流清理工作。

烹饪专家——学习隐藏在人类历史中的料理秘密。食物在地球的很多个时代都得到了极大的发展。

学习使用热兵器——实践是最好的老师。它能救你的命！

成为历史的一部分——但希望不是成为过去的一部分。那是被禁止的。

成为真正的时间旅行先锋——参与实验，侦测危险，观察者需要喊："威胁"和"未经验证"。

免费房间和出行——没错：时空管理事务所会给你提供高度安全的单人间，剩饭剩菜随你吃。

"嗯，这些听起来真不错，我怎么签约？"

不管你信不信，本书作者和我们的附属机构在现实的三次元世界确实有办公地点 [1]。

不幸的是，我们不能公开这个地方的坐标，因为这是个大家都知道时间旅行有可能实现的时代。那些尝试时间旅行的人都有种"伙计啊，你会把我们全都弄死"的气场。但是如果你想方设法搞清楚了我们究竟在哪栋楼里，那就别客气只管进来：我们至少会给你一个众所周知的时间旅行者碰撞，或是其他比较野蛮的肢体接触式欢迎。而且，我们会马上让你开始实习期免责文字工作。

一旦机器人开始进攻，时空管理事务所总部是个藏身的好地方，因为，那啥，我们知道 [2]。虽然我们有十八层楼、数千平方英尺的教学空间、实验室和无障碍浴室都毁于大块头 [3] 之手，就像 ×××【保密】的很多其他建筑一样，我们的地下设施里有充足的补给品，足以继续我们的研究，也可以偶尔经过单向传送门送出经过重新编程的敌方机器人，同时还能收容你这种"坐等悖论发生"的爱好者。

如果你还没签生死契合同就胆怯了，那一定要去礼品商店看看，在管制区域里逛逛，向某两个穿着实验室服装的真正科学家打招呼 [4]。

---

[1] 为了公平起见，我们是租的。

[2] 对讨厌我们的人来说，这是一句短命的"我早跟你说过吧"。短命的原因是讨厌我们的人都在机器人末世时代死了。

[3] 那是一种被设计来挖掘地心的机器人，目的是修筑曼哈顿至北京的高铁。见"生存指南：机器人：机器人类型（常见），隧道挖掘"章节。

[4] 拍照收费。

"我还未成年，没找到工作，没车。"

如果无法以个人身份签约，我们可以通过 www.thetimetravelguide.com 网站接受自 2012 年起的申请。去我们的网站，今天就开始时间旅行吧。

但是要记住，一般而言，你的预期必须维持在理性且较低的范围。时间旅行是个迅速发展的领域，实习生名额有限。如果你不是加入了时空管理事务所虫育实验的少数幸运儿，那也别担心。你手中依然掌握着时间旅行的能力。不，不是那只手，是握着这本书的手。只要你遵循《时间穿越指南》一书的建议及其松散的指导方针，你多半都能活着讲你的经历。再说了，我们也不会去追捕你，更不会为了全人类利益去抹消你在时间线上的存在。虽然，很多时候，我们确实这么做。

旅行愉快。

关于作者

　　时错分子重组精神病学专家，实验项目人质谈判专家菲尔·霍肖，工作之余偶尔更新一下技术博文。有时是影视剧的忠实粉丝，有时十分关注科学，人人都知道他一辈子都对时间旅行，及时间旅行对人类身心造成的可怕影响非常着迷。目前他住在洛杉矶，一边在尼克·赫尔维奇身上进行时错实验，一边用自己的手机写游戏攻略。

　　尼克·赫尔维奇十二岁时读到了他人生中第一本理论物理书籍，由此被宇宙的神秘所吸引，同时也决定还是让其他人去解决个中难题比较好。他现在是位作者，电影制片人，生活在 21 世纪初的洛杉矶。想象是他的一种形而上学方面的选择，虽然他没有作为时间科学家的证书，但是他很愿意将自己的想象借给量子物理学。他出版这本书的目的是，希望未来的时间旅行者都不必重复1903 年他在布达佩斯所经受的可怕实验。